W0396353

Heinrich Göring

Die Sonnenuhr

Die Sonnenuhr

oder

praktische Anleitung, die Zeit zu bestimmen,

Sonnenuhren verschiedener Art,

darunter auch solche, die jede einzelne Minute zeigen,

zu construiren,

nebst

12 Figuren und 6 Tabellen,

zunächst eingerichtet

für

die Breitengrade 44 bis 55,

von

Heinrich Göring,

Inhaber der K. K. Oestr. Gold-Medaille für Kunst
und Wissenschaft.

(Das Uebersetzungsrecht wird vorbehalten.)

Arnsberg, 1864.

Druck und Verlag von H. F. Grote.

Reprint nach dem Original aus dem Jahre 1864

aus dem Bestand der Universitätsbibliothek Hannover (d 2049)

ISBN 3-88746-411-7

Best.-Nr. 2224

© 2000 Edition »libri rari« im Verlag Th. Schäfer, Hannover

Gesamtherstellung

Th. Schäfer Druckerei GmbH, Hannover

Dem Hochgebornen Herrn,

Herrn Clemens Franz Xaver,

Reichsgrafen von Westphalen zu Fürstenberg

Hochachtungsvoll zugeeignet

vom

Verfasser.

Vorwort.

Mehr als ein Viertel Jahrhundert ist bereits dahin gegangen, seitdem ich, veranlaßt durch einen von verehrter Seite zufällig geäußerten Wunsch in Betreff eines Mittels zur sicheren Zeitbestimmung, den ersten Versuch zur Verfertigung einer Sonnenuhr machte.

Ohne je etwas über Gnomonik gelesen zu haben, allein im Vertrauen auf meine Kenntnisse in der Mathematik und mathematischen Geographie, die ich beide früh liebgewonnen hatte, gab ich mich an die Arbeit. Allein, ich mußte bald erfahren, daß ich die Schwierigkeiten derselben sehr unterschätzt hatte. Es würde die Grenzen eines Vorwortes überschreiten und den Leser auch wohl wenig interessiren, wenn ich alle meine Irrfahrten und verunglückten Versuche aufzählen wollte. Manche ernste aber erfolglose Bemühung würde zu einem heiteren Lächeln Veranlassung geben. Monate vergingen, ehe ich mich auf fester Grundlage fühlte, um so mehr, da ich wegen meines Aufenthaltes auf dem Lande von allen Hülfsmitteln entfernt und allein auf mich beschränkt war.

Zu der Ueberzeugung aber wurde ich nach und nach durch Nachdenken geführt, daß die Lage der Schattenlinien auf der Horizontal-Sonnenuhr — denn eine solche wollte ich construiren — leichter und genauer mit Hülfe der Mathematik und Mechanik, als durch empirische Versuche bestimmt werden könnte; und damit befand ich mich auf dem rechten Wege.

Da das Interesse für diesen Gegenstand nun einmal geweckt war und immer zunahm, so unterließ ich es nicht, verschiedene Schriften, die mir nach und nach über diese Materie aus Buchhandlungen zugingen, fleißig zu lesen. Und da ich gleichzeitig die Gnomonik praktisch betrieb, überzeugte ich mich bald, daß Manches theoretisch ganz richtig sein könne, ohne sich doch wegen seiner praktischen Unausführbarkeit für die Praxis zu eignen.

Durch die Verbindung der Praxis mit der Theorie habe ich dann allmälig das leicht Ausführbare von dem minder leicht Ausführbaren und dem ganz Unausführbaren unterscheiden lernen.

Mein Bemühen ist nun dahin gegangen, gerade das Erstere bestimmt auszuscheiden und es sowohl in seiner theoretischen Richtigkeit als besonders in seiner praktischen Anwendung darzustellen.

Es konnte kaum fehlen, daß ich auf diesem Wege manche neue Entdeckung machte. Dahin gehört z. B. die Construction einer Sonnenuhr, welche durch die Verbindung von concentrischen Kreisen und Transversallinien, selbst auf einer kleinen Platte, jede einzelne Minute genau und deutlich angibt und unter verschiedenen Polhöhen eine richtige Anwendung gestattet; dahin gehört namentlich das von mir erfundene Goniometer, ein sehr einfaches, leicht anzufertigendes und unter verschiedenen Polhöhen brauchbares Instrument, welches, in Verbindung mit den von mir berechneten Zeittafeln, die Zeit bis auf 1 Secunde angeben läßt;*) dahin gehört endlich das neu erfundene Hülfsinstrument, welches dazu dient, einerseits die Lage des Gnomons zur Oberfläche der Sonnenuhr, andererseits die Stellung der Oberfläche der Sonnenuhr selbst im Verhältniß zur Polhöhe des Aufstellungsortes zu bestimmen u. s. w.

Die nach der oben angedeuteten Idee angefertigten Sonnenuhren, resp. Goniometer wurden von Fachgelehrten — selbst von Alexander von Humboldt — sehr beifällig aufgenommen; und mehrere von diesen Männern forderten mich wiederholt auf, die von mir gefundenen Resultate der Oeffentlichkeit nicht zu entziehen, sondern vielmehr ein neues Werkchen über Sonnenuhren zu schreiben und dieses sammt den von mir berechneten Tafeln durch den Druck zu veröffentlichen.

Alles dieses brachte endlich den längst gehegten Entschluß zur Ausführung.

Beim Abfassen der Textworte und Zeichnen der Figuren bin ich bemüht gewesen, das bei der Anfertigung von Sonnenuhren, so wie bei deren Aufstellung zu beobachtende Verfahren ganz speciell und im Detail, mitunter die einzelnen Manipulationen, wenn sie mir wichtig erschienen, anzugeben und Alles zur vollsten Klarheit zu bringen.

Ob und wie weit es mir gelungen ist, durch diese meine Arbeit irgend einen kleinen öffentlichen Nutzen zu stiften, was meine Absicht war, muß ich der Beurtheilung Anderer überlassen. Nur dieses fühle ich mich gedrungen zu bemerken: Sollte Einiges in diesem Schriftchen dem Leser nicht sogleich klar und verständlich sein, so wird gewiß ein großer Theil der Schuld meiner Darstellung anheim fallen; doch dürfte auch ein nicht geringer Theil derselben der eigenthümlichen Beschaffenheit des Gegenstandes selbst beizumessen sein.

Möge denn nun dieses Werkchen, welches nur in der wohlwollenden Absicht geschrieben wurde, den Freunden einer genauen Zeitbestimmung in der Anfertigung und Behandlung der dazu dienenden Instrumente zu Hülfe zu kommen, eine eben so wohlwollende als nachsichtige Aufnahme finden.

Laer im Mai 1863.

H. Göring.

---

*) Recht bald soll das „Goniometer" mit den dazu gehörenden Zeittafeln durch den Druck veröffentlicht werden.

Verzeichniß und Erklärung der vorzüglichsten in diesem Werkchen vorkommenden technischen Ausdrücke.

Abweichung, siehe Declination.

Abweichungskreis, siehe Declinationskreis.

Aequator der Erde ist derjenige größte Kreis, dessen sämmtliche Punkte von den beiden Erdpolen gleichweit entfernt sind. Der Aequator theilt die Erde in 2 gleiche Theile, nämlich in die nördliche und südliche Halbkugel. Denkt man sich die Aequatorebene der Erde nach allen Seiten hin bis an das Himmelsgewölbe sich ausdehnend, so entsteht durch die äußerste Grenze dieser Ausdehnung ein Kreis am Himmelsgewölbe, welcher der Himmelsäquator genannt wird, und seinerseits die Himmelskugel in 2 gleiche Hälften, in die nördliche und südliche Hemisphäre theilt. Seine Pole sind die Pole der Himmelskugel und liegen in der Verlängerung der Erdachse. Auf dem Aequator stehen die Mittags= oder Meridiankreise senkrecht.

Aequatorhöhe eines Ortes ist derjenige Winkel, welcher von der Aequator=ebene und vom Horizont des Ortes gebildet wird. Die Aequatorhöhe und die Polhöhe des Ortes machen zusammen 90 Grad aus. Siehe §. 24.

Aequinoctien oder **Nachtgleichen** sind die 2 Punkte am Himmel, in welchen der Aequator und die Ekliptik sich durchschneiden. Sie sind 180 Grad von einander entfernt. Der eine Punkt heißt das Frühlingsäquinoctium, der andere das Herbstäquinoctium. In jenem befindet sich die Sonne am 21. März, in diesem am 22. September, und an diesen beiden Tagen sind auf der ganzen Erde Tag und Nacht von gleicher Länge. — In der Mitte dieser beiden Punkte in der Peripherie der Ekliptik sind die Solstitien, d. h. Sonnenstillstandspunkte, weil in diesen beiden Punkten die Sonne kurze Zeit still zu stehen scheint. In dem einen dieser beiden Punkte hat die Sonne im Verhältniß zu uns ihren höchsten Stand am Himmel, nämlich im Juni, beim Anfange unsers Sommers, wo sie 23 Gr. 28 M. nördlich vom Aequator oder über demselben steht; in dem andern hat sie ihren niedrigsten Stand am Himmel, nämlich im December, beim Anfange unseres Winters, wo sie 23 Gr. 28 M. südlich vom Aequator oder unter demselben steht.

Achse des Kreises. Eine gerade Linie, welche durch den Mittelpunkt eines Kreises, senkrecht zur Kreisebene geht, ist die Achse dieses Kreises.

Achse der Erde. Erdachse ist eine gerade Linie, welche, senkrecht zur Aequator=ebene, durch den Mittelpunkt der Erdkugel bis zur Grenze der Erdoberfläche geht. Die Endpunkte dieser Erdachse heißen die Pole der Erde, wovon der eine der Nord=, der andere der Südpol ist.

Achse des Weltalls. Wird die Erdachse nach beiden Seiten über ihre Pole hinaus bis an's Himmelsgewölbe verlängert gedacht, so heißt diese vom

Himmelsgewölbe begrenzte Linie Weltachse, ihre Endpunkte Weltpole. Weil die Erde in einem Tag sich wirklich 1 Mal von West nach Ost um die Erdachse dreht, so kommt es uns vor, als ob das ganze Himmelsgewölbe mit allen Sternen in eben dieser Zeit sich 1 Mal von Ost nach West um die Weltachse drehe.

Aphelium, siehe unter Perihelium.

Atmosphäre heißt die die Erde überall umgebende Lufthülle.

Azimut eines Sternes ist der zwischen dem Höhenkreise dieses Sternes und dem Meridian des Beobachters befindliche Bogen des Horizonts. Ist man mit einem zu Winkelmessungen eingerichteten Instrumente versehen, an welchem sich ein Fernrohr befindet, welches sich nicht bloß seitwärts, sondern auch vertikal auf- und abwärts drehen läßt, so ist die Bestimmung des Azimuts eines Sternes, wenn die Mittagslinie des Ortes bekannt ist, folgende: Man stelle das Instrument in der Mittagslinie des Ortes auf und richte das Fernrohr auf den Stern. Dann gebe man dem Fernrohr eine horizontale Lage, drehe es seitwärts, bis die Visirlinie des Fernrohrs mit der Mittagslinie des Ortes zusammenfällt. Die Größe der Drehung des Fernrohrs, die auf dem horizontalen Gradbogen des Instrumentes abgelesen wird, gibt die Größe des Azimuts des Sternes an.

Brechung des Lichtes, Refraction. Siehe §. 23.

Breite, geographische, ist die Entfernung eines Ortes auf der Erde vom Aequator, gemessen durch den zwischen dem Orte und dem Aequator enthaltenen Bogen des entsprechenden Mittagskreises. — Auf den Landkarten ist die geographische Breite an den Endpunkten der Parallelkreisbögen, rechts und links am Rande angegeben.

Concentrische Kreise sind Kreise, welche um dasselbe Centrum (Mittelpunkt) beschrieben sind; ebenso verhält es sich mit den concentrischen Kreisbögen.

Correspondirende Sonnenhöhen sind gleich große Sonnenhöhen, die zu beiden Seiten des Meridians oder Vor- und Nachmittags beobachtet werden. Man bedient sich ihrer zur genauen Zeitbestimmung und zur Bestimmung der Lage einer Mittagslinie.

Culmination der Sonne ist der höchste Stand der Sonne am Himmel. Dieser findet Statt, wenn der Mittelpunkt der Sonne den Meridian passirt. In diesem Augenblick ist der wahre Mittag, d. i. Mitte des Tages.

Declination oder Abweichung der Sonne ist der senkrechte oder kürzeste Abstand derselben vom Aequator, ausgedrückt in Graden, Minuten 2c. Ist die Sonne abgewichen vom Aequator nach Norden hin, so heißt die Abweichung eine nördliche; ist dagegen die Sonne abgewichen vom Aequator nach Süden hin, so heißt die Abweichung eine südliche. Das über die Abweichung der Sonne Gesagte gilt von der Abweichung eines jeden Sternes vom Aequator.

Declinationskreis oder Abweichungskreis ist derjenige größte Kreis am Himmelsgewölbe, der durch die Sonne oder ein anderes Gestirn und durch den Weltpol geht. Der von der Sonne und vom Aequator begrenzte Bogen dieses Kreises drückt die Abweichung der Sonne aus.

Ekliptik ist die länglichrunde Bahn, welche die Sonne in einem Jahr zu beschreiben scheint, und welche daher die Sonnenbahn genannt wird, in Wirklichkeit aber von der Erde durch ihren Lauf um die Sonne beschrieben wird, und daher auch richtiger Erdbahn heißt. Denkt man sich die Ekliptik nach allen Seiten bis an's Himmelsgewölbe sich ausdehnend, so heißt auch die dadurch am Himmelsgewölbe entstehende Linie Ekliptik. Die Ebene dieser Ekliptik durchschneidet die Ebene des Aequators unter einem Winkel von 23 Gr. 28 M. Mehr siehe unter Aequator und Aequinoctien.

Gnomon ist 1) Zeiger an der Sonnenuhr, 2) die Sonnenuhr selbst, 3) eine auf horizontaler Ebene senkrecht aufstehende Säule, aus deren Schattenlänge die Alten die Höhe der Sonne bestimmten.

Höhe der Sonne — oder eines andern Sternes — ist der Winkel, unter welchem dem Beobachter die Sonne über dem Horizont erscheint. Denken wir uns von unserem Auge aus 2 gerade Linien gezogen, die 1te zum Mittelpunkte der Sonne, die 2te horizontal, doch so, daß die 2te mit der 1ten in derselben vertikalen Ebene liegt, so heißt der an unserm Auge sich bildende Winkel Höhenwinkel der Sonne, auch einfach Höhe der Sonne. Wenn von der Höhe der Gestirne die Rede ist, so ist immer ihr Höhenwinkel gemeint.

Höhenkreis, Vertikalkreis auch **Scheitelkreis** der Sonne — oder eines andern Sternes — ist derjenige größte Kreis, der durch den Mittelpunkt der Sonne oder des Sternes senkrecht auf den Horizont des Beobachters geht. Der vom Mittelpunkt der Sonne oder des Sternes und vom Horizont begrenzte Bogen dieses Vertikalkreises heißt der Höhenwinkel oder die Höhe der Sonne oder des Sternes.

Horizont, der wirkliche, ist derjenige größte Kreis am Himmel, dessen sämmtliche Punkte 90 Grad vom Zenith oder Nadir (siehe diese Artikel) des Beobachters entfernt sind. Die Ebene dieses Kreises hat den Mittelpunkt der Erde zu ihrem Mittelpunkt.

Horizont, scheinbarer. Denkt man sich eine 2te Kreisebene, welche vom Himmelsgewölbe begrenzt die Oberfläche der Erde im Standpunkt des Beobachters berührt, zu der 1ten Kreisebene parallel ist und um die halbe Erddicke von ihr absteht, so heißt diese 2te an der Himmelskugel beschriebene Kreislinie der **scheinbare Horizont**. Die Ebene dieser Kreislinie heißt eine horizontale Ebene, jede Linie in dieser Ebene eine horizontale Linie. — Die Oberfläche des ruhigen Wassers, wenn sie nicht sehr groß ist, kann als eine horizontale Ebene angesehen werden. Wenn von 2 geraden Linien, die von Einem Punkte ausgehen und einen Winkel von 90 Grad bilden, die eine lothrecht ist d. h. in ihrer Verlängerung durch das Zenith geht, so ist die andere horizontal. Nehmen wir an, daß in dem Buchstaben L der aufrechte Strich lothrecht sei, und daß der Querstrich unter einem Winkel von 90 Grad abgehe, so ist die letztere Linie eine **horizontale**.

Kreis, größter, einer Kugel und **Parallelkreise.** Größter Kreis auf der Kugeloberfläche heißt jeder Kreis, dessen Mittelpunkt mit dem Mittelpunkt der Kugel zusammenfällt. So ist z. B. der Aequator der Erde ein größter Kreis der Erde. — Kreise, deren Ebenen mit der Ebene des Aequators parallel sind, heißen Parallelkreise. Die beiden Parallelkreise, von denen der eine auf der nördlichen, der andere auf der südlichen Halbkugel liegt, und deren jeder 23 Gr. 28 M. vom Aequator entfernt ist, heißen Wendekreise, jener der nördliche oder Wendekreis des Krebses, dieser der südliche oder Wendekreis des Steinbocks. Wenn an unserem längsten Tage im Sommer die Sonne, beim nördlichen Wendekreis angekommen, die größte nördliche Abweichung (23 Gr. 28 M.) erreicht hat, wendet sie sich wieder zurück nach Süden, bis sie nach einem halben Jahr, beim südlichen Wendekreis angekommen, die größte südliche Abweichung (23 Gr. 28 M.) erreicht hat, wo sie sich dann wieder nordwärts wendet 2c. Daher der Name dieser Kreise „Wendekreise." Der nördliche Wendekreis heißt auch der Wendekreis des Krebses, und der südliche der des Steinbockes, weil den Bewohnern der nördlichen Erdhälfte, von denen diese Benennung herrührt, vom längsten Tage im Sommer bis zum kürzesten Tage in dem darauf folgenden Winter alltäglich niedriger, nach Art des Krebses rückwärts gehend, dagegen vom kürzesten Tage im Winter bis zum längsten Tag in dem darauf folgenden Sommer alltäglich höher, nach Art des Steinbockes aufsteigend am Himmel erscheint.

Länge, geographische, ist die Entfernung des Meridians eines Ortes von demjenigen Meridian, den man willkürlich als den ersten annimmt; oder Länge eines Ortes ist der Winkel, den der Meridian dieses Ortes mit dem ersten Meridian macht. Gewöhnlich nimmt man den Meridian, der durch die Insel Ferro geht, als den ersten an. Die Franzosen und viele Gelehrte mit ihnen nehmen den durch Paris gehenden, die Engländer den durch Greenwich (nahe bei London) gehenden Meridian als den ersten an. Bei der Darstellung der geographischen Länge zählt man vom ersten Meridian anfangend bis zu 360 Grad nach Osten hin, wo man dann nur östliche Länge erhält; oder man zählt, vom ersten Meridian anfangend, 180 Grad ost- und 180 Grad westwärts, wo man dann östliche und westliche Länge erhält. Nehmen wir den durch Ferro gehenden Meridian als den ersten an, oder setzen wir Ferro = 0 Gr. Länge, so hat Ferro 0 Gr., Greenwich 17 Gr. 39 M. 36 S., Paris 20 Gr., Berlin 31 Gr. 3 M. 30 S., Wien 34 Gr. 2 M. 50 S. östliche Länge. Alle Orte, welche gleiche Länge haben oder unter demselben Meridian liegen, haben auch gleiche Tageszeiten. Liegt ein Ort **A** 15 Gr. östlicher als ein Ort B, so hat er alle Tageszeiten um 1 Stunde früher als der Ort B (vergleiche die §§. 8, 21 und 25). Daher ist es in dem Augenblick, wo es auf Ferro genau Mittag ist, in Greenwich 1 Uhr 10 M. 38²/₅ S., in Paris 1 U. 20 M., in Berlin 2 U. 4 M. 14 S. und in Wien 2 U. 16 M. 11¹/₃ S. Nachmittags. Die geographische Länge sowohl als Breite ist auf jeder Landkarte angegeben, jene an den Endpunkten der Meridian-Kreisbögen oben und unten, diese an den Endpunkten der Parallel-Kreisbögen rechts und links auf dem Rande der Karte.

Lothrechte oder perpendiculäre Linie ist eine gerade Linie, die nach unten zum Mittelpunkt der Erde, nach oben zum Zenith des Ortes gerichtet ist. Hängt man einen mit einem Loth (Gewicht) beschwerten Faden so auf, daß Faden und Gewicht frei schweben, so bildet der Lothfaden, wenn er ruhig hängt, eine lothrechte Linie, die senkrecht zur Oberfläche des ruhigen Wassers oder des Horizonts ist. Den Lothfaden bringt man dadurch am besten zur Ruhe, daß man ein Gefäß mit Wasser darunter stellt und bewirkt, daß das Loth unter Wasser ist.

Meridian oder Mittagskreis ist ein größter Kreis am Himmel, welchen man sich durch die Weltpole und sein Zenith gezogen denkt. Die Meridian-Ebene ist senkrecht zum Aequator und Horizont. Sie geht durch den höchsten und tiefsten Punkt des Aequators (Mittag — Mitternacht), sowie den Süd- und Nordpunkt des Horizonts. Sie theilt die Himmelskugel in 2 Hälften, in die östliche und westliche Halbkugel. — In dem Augenblick, in welchem der Mittelpunkt der Sonne unsern Meridian passirt, hat die Sonne für uns an diesem Tage ihren höchsten Stand am Himmel (die Sonne culminirt); es ist für uns Mittag, d. i. die Mitte des Tages. Alle Orte, die unter demselben Meridian liegen, haben zu gleicher Zeit Mittag, einerlei Tageszeiten und einerlei geographische Länge. Derjenige Meridian, von dem man bei Bestimmung der geographischen Länge ausgeht, heißt der erste Meridian.

Mittag, siehe Süden.

Mittlere Zeit, siehe §. 1.

Nachtgleichen, siehe Aequinoctien.

Nadir. Derjenige Punkt am Himmelsgewölbe, welchen die lothrechte Linie (s. d. Art.) in ihrer Verlängerung nach unten hin treffen würde, heißt Nadir; derjenige Punkt aber am Himmel, welchen die lothrechte Linie in ihrer Verlängerung nach oben treffen würde, heißt Zenith.

Nord oder Nordpunkt oder Mitternachtspunkt ist derjenige Punkt im Horizont, wo dieser vom Meridian getroffen wird, und zwar nach derjenigen Seite hin, wo wir den Polarstern sehen. Dem Nordpunkt entgegengesetzt, also 180 Grad von ihm entfernt, ist der Südpunkt.

Ost oder Ostpunkt ist ein Punkt im Horizont, 90 Grad vom Süd- und 90 Grad vom Nordpunkt entfernt, auf derjenigen Seite des Horizonts, wo die Sterne aufgehen. Der entgegengesetzte, als 180 Grad von ihm entfernte im Horizont liegende Punkt heißt West oder Westpunkt.

Parallelkreis, siehe Kreis.

Parallel-Linien sind gerade Linien, die überall gleich großen senkrechten Abstand von einander haben, und daher in's Unendliche verlängert gedacht nie zusammenstoßen würden.

Perihelium oder Sonnennähe. Die Bahn, in der die Erde in einem Jahr um die Sonne läuft (siehe Ekliptik), ist eine länglichrunde. Derjenige Punkt in dieser Bahn, welcher der Sonne am nächsten ist, heißt Perihelium oder Sonnennähe; derjenige Punkt der Erdbahn aber, welcher von der Sonne am entferntesten ist, heißt Aphelium, Sonnenferne.

Peripherie = Kreislinie.

Pol, siehe Achse.

Polarkreise sind Parallelkreise (siehe d. Art.) am Himmel oder auf der Erde, deren jeder 66 Gr. 32 M. vom Aequator, also 23 Gr. 28 M. vom Pol entfernt ist; der eine heißt der nördliche, der andere der südliche Polarkreis.

Polarstern. Unter den größeren Sternen am nördlichen Himmel ist der Polarstern derjenige, welcher dem nördlichen Weltpol (siehe Achse) am nächsten ist. Von einem Punkte Mitteleuropas angesehen erscheint er dem Beobachter die ganze Nacht hindurch ungefähr mitten zwischen seinem Horizont und Zenith. — Eine gerade Linie, die man sich durch die beiden Hinterräder des sogenannten Wagens, der auch großer Bär genannt wird, gelegt denkt, geht in ihrer Verlängerung ganz nahe am Polarstern vorbei. Der Wagen besteht aus 7 großen Sternen, von denen 2 die beiden Hinterräder, 2 die Vorderräder, und 3 die etwas gebogene Deichsel bilden. Diese 7 Sterne stehen weit von einander getrennt und machen deßhalb ein großes Sternbild aus, welches dem Beobachter sogleich in die Augen fällt. Die scheinbare Entfernung der beiden Hinterräder von einander beträgt ungefähr den 5ten Theil der Entfernung des Polarsternes von dem nächsten Hinterrad des Wagens. Hat der Wagen seinen höchsten Stand am Himmel, wo er dann bei unserem Zenith gefunden wird, so darf man die gerade Linie, welche die beiden Hinterräder verbindet, nur um das Fünffache abwärts zum Horizont hin verfolgen und man stößt auf einen isolirt darstehenden großen Stern, welcher der Polarstern ist. Hat der Polarstern seinen niedrigsten Stand am Himmel, wo er dann für uns nahe über dem Horizont steht, so muß man die genannte gerade Linie zwischen den beiden Hinterrädern um das Fünffache ihrer Länge aufwärts verlängeren, um den Polarstern zu treffen. Sein Abstand vom Nordpol der Weltachse beträgt jetzt kaum 1½ Grad. Im Jahre 2160, wo er dem nördlichen Weltpol am nächsten ist, wird sein Abstand nur 28 Minuten betragen. Von da an wird im Verlaufe der Jahrhunderte sein Abstand wieder größer werden. — Wegen seines kleinen Abstandes vom Weltpol beschreibt er in 24 Stunden einen sehr kleinen Kreis am Himmel. Bei seinem höchsten Stand steht er 1½ Grad über, 12 Stunden später 1½ Grad unter dem nördlichen Weltpol, 6 Stunden nach seinem höchsten Stand steht er 1½ Grad westlich, 12 Stunden später 1½ Grad östlich vom Meridian des Beobachters. Diese kleine Veränderung seines Standes kann mit bloßen Augen, ohne Anwendung eines geeigneten Winkelmessers, nicht wahrgenommen werden. — Bei Nachte dient er den Bewohnern der nördlichen Erdhälfte, deren Polhöhe nicht über 1½ Grad beträgt, besser als bei Tage die Sonne zur Bestimmung der Himmelsgegenden.

Polhöhe eines Ortes auf der Erdoberfläche ist die Höhe (siehe den Artikel), unter welcher dem Beobachter an diesem Orte der Weltpol über dem Horizont erscheint. Polhöhe und geographische Breite (siehe Breite) sind, obgleich dem Begriffe nach verschieden, gleich groß. Bestimmt der Beobachter B von einem Punkte des Aequators der Erde aus, wo also die geographische Breite = 0 Grad ist, die Höhe des Weltpols, so findet er diese = 0 Grad, weil der Weltpol im Horizont ist; Polhöhe und geographische Breite sind also gleich groß. Bestimmt derselbe Beobachter B an einem Orte der Erde, der 10 Grad vom Aequator entfernt ist, dessen geographische Breite also 10 Grad beträgt, die Höhe des Weltpols, so findet er ihn 10 Grad über seinem Horizont; also Polhöhe wie geographische Breite = 10 Grad. Bestimmt B vom Erdpol aus, also 90 Grad vom Aequator entfernt, die Höhe des Weltpols, so findet er ihn in seinem Zenith, gerade über sich, 90 Grad über seinem Horizont; also Polhöhe wie geographische Breite = 90 Grad. Die Bestimmung der Polhöhe oder der geographischen Breite durch Beobachtung von Sonnenhöhen ist im §. 24 angegeben.

Quadrant ist ein zu Höhenmessungen eingerichtetes Instrument, welches die Gestalt eines Kreisausschnittes oder Kreisbogens von 90 Grad hat.

Radius ist eine gerade Linie, die vom Centrum (Mittelpunkt) des Kreises bis in die Peripherie (Kreislinie) geht.

Refraction oder Strahlenbrechung ist die Ablenkung des Lichtstrahles von der geraden Linie. Diese Ablenkung während seines Durchganges durch einen mehr oder minder dichten durchsichtigen Körper wird durch dessen Anziehung bewirkt. Siehe §. 23.

Scheitelkreis, siehe Höhenkreis. Der Höhenkreis heißt auch Scheitelkreis, weil er durch den Scheitelpunkt (Zenith) des Beobachters geht.

Senkrecht. Zwei gerade Linien sind zu einander senkrecht, wenn die von ihnen gebildeten Winkel, rechte Winkel sind.

Sextant ist ein zur Messung von Höhenwinkeln eingerichtetes Instrument, welches die Gestalt eines Kreisausschnittes von 60 Gr. hat. Siehe §. 7.

Solstitien, siehe unter Aequinoctien.

Sommer-Solstitium, siehe unter Aequinoctien.

Sonnenferne oder Aphelium, siehe unter Perihelium.

Sonnennähe, siehe Perihelium.

Sonnenparallaxe ist die Hälfte des Winkels, unter welchem ein Beobachter vom Mittelpunkt der Sonne aus den Durchmesser der Erde sehen würde.

Sonnentag, Sonnenzeit, mittlere Sonnenzeit oder mittlere Zeit, siehe §. 1.

Sternentag ist die Zeitdauer, die zwischen zwei unmittelbar auf einander folgenden Culminationen desselben Fixsternes stattfindet. Der Sternentag beträgt, in mittlerer Sonnenzeit ausgedrückt, 23 Stunden 56 M. und $3^1/_2$ Sec. Er ist die wirkliche unveränderliche Zeitdauer für die jedesmalige Umdrehung der Erde um ihre Achse. Der Sterntag ist folglich 3 M. $56^1/_2$ Sec. kürzer als der mittlere Sonnentag. Alle Fixsterne gehen deßhalb an jedem folgenden Tage 3 M. $56^1/_2$ Sec. früher auf und unter, als an dem vorhergehenden Tage. Daher kann man durch fortgesetzte Beobachtung des Auf- oder Unterganges bestimmter Fixsterne leicht vermitteln, ob eine Räderuhr in dem richtigen Gange sei, d. h. ob sie so geschwind gehe, als sie gehen muß. Ob die Räderuhr hinsichtlich der geographischen Länge im richtigen Stande (richtig gestellt) sei, d. h. daß sie die Zeit nicht zu früh und nicht zu spät zeige, kann nur durch Bestimmung der Sonnenzeit in Verbindung mit der Zeitgleichung bestimmt werden. Siehe die §§. 1, 2, 3, 4, 5 und 21.

Strahlenbrechung, siehe Refraction.

Süd, Südpunkt oder Mittag ist derjenige Punkt am Horizont, in welchem derselbe von dem Meridian auf derjenigen Seite geschnitten wird, auf welcher wir die Sonne im Augenblick ihrer Culmination am Himmel erblicken.

Vertikalkreis, siehe Höhenkreis.

Wahre Zeit oder Sonnenzeit ist die Zeit, welche von einer richtig construirten und gut aufgestellten Sonnenuhr, einer gezogenen Mittagslinie, angezeigt oder durch Beobachtung von Sonnenhöhen bestimmt wird. Durch Anwendung der Zeitgleichung wird die Sonnenzeit in mittlere Zeit, welche die Räderuhren anzugeben haben, verwandelt. Siehe §. 21.

Weltachse, siehe Achse. Die Erd- oder Weltachse hat zum Horizont des Beobachters eine Neigung, welche gleich ist der Polhöhe dieses Ortes. Werden von einem Punkte der Erdoberfläche aus 2 gerade Linien gezogen, deren eine die Mittagslinie des Ortes, deren andere parallel zur Erd- oder Weltachse ist, so bilden diese beiden Linien, abgesehen von der Parallaxe, die als sehr klein hier nicht in Betracht kommt, den Winkel der Polhöhe des Ortes und geben die Lage an, die dem Gnomon zur Horizontal-Sonnenuhr-Oberfläche zu geben ist.

Wendekreis, siehe Kreis.

Winkel ist die Neigung zweier gerader Linien, welche sich in einem Punkt durchschneiden; der Durchschnittspunkt heißt Vertex oder Scheitelpunkt; oder Winkel ist der Unterschied der Richtungen zweier gerader Linien, welche von einem Punkte ausgehen oder in einem Punkte zusammen treffen.

Wintersolstitium, siehe unter Aequinoctien.

Zeit, siehe unter wahre Zeit.

Zeitgleichung ist die Anzahl Minuten und Secunden, um welche man die wahre oder Sonnenzeit im Augenblick des wahren Mittags (der Culmination der Sonne) vermehren oder vermindern muß, um mittlere Zeit zu erhalten, welche die Räderuhren angeben sollen. Siehe §§. 1 und 21.

Zenith. Denkt man sich den Mittelpunkt der Erde mit dem Standort des Beobachters durch eine gerade Linie nach beiden Seiten verlängert, bis sie 2 Mal das Himmelsgewölbe trifft, so heißt der Punkt am Himmel, der über dem Haupte des Beobachters ist, Zenith oder Scheitelpunkt; der entgegengesetzte Punkt heißt Nadir oder Fußpunkt.

Inhalts-Uebersicht.

§. 1. Die Zeit. Ihre Eintheilung und Bestimmung.

1. Auf einer richtig construirten und gut aufgestellten Sonnenuhr können wir unmittelbar die Zeit mit Sicherheit ablesen, ohne vorher einer weiteren Rechnung zu bedürfen.

Sie ist deßhalb, zumal wenn sie so eingerichtet ist, daß sie jede einzelne Minute oder doch wenigstens jede 5te Minute zeigt, das einfachste und bequemste Mittel zur Zeitbestimmung.

Es ist nun die Absicht dieses Werkchens, zur Anfertigung und Behandlung, resp. Aufstellung verschiedener Sonnenuhren eine leichtfaßliche Anleitung zu geben und die dabei vorkommenden unvermeidlichen Schwierigkeiten nach Möglichkeit beseitigen zu helfen.

Diese Schwierigkeiten lassen sich, wie wir später sehen werden, zum Theil dadurch umgehen, daß man eine Secunden-Taschenuhr so stellt, daß sie diejenige Zeit zeigt, welche die Sonnenuhr zu zeigen hat.

Es kommt also vor Allem darauf an, ein Mittel aufzufinden, durch welches eine Taschenuhr, überhaupt eine Räderuhr, mit Sicherheit gestellt werden kann; und deßhalb soll, bevor wir über die Anfertigung und Aufstellung der Sonnenuhren näher handeln, von der Zeit im Allgemeinen und von der leichtesten und sichersten Art ihrer Bestimmung die Rede sein. — Diese leichteste und sicherste Art aber besteht in der Beobachtung vor- und nachmittägiger gleicher (correspondirender) Sonnenhöhen.

2. Die scheinbare Bewegung der Sonne am Himmel von Osten nach Westen, während sie gleichzeitig und allmählig in den Vormittagsstunden höher steigt, dagegen in den Nachmittagsstunden sich senkt und im Westen unter den Horizont tretend für uns untergeht — Alles eine Folge der Umdrehung der Erde um ihre Achse — gibt uns das leichteste Mittel zur Bestimmung der Tageszeit.

Die Zeit von Sonnen-Aufgang bis Sonnen-Untergang (Tag im engern Sinne des Wortes) mit Einschluß der Zeit von Sonnenuntergang bis zum nächsten Sonnenaufgang (Nacht im engern Sinne des Wortes) nennt man einen Tag im weiteren Sinne des Wortes. Diesen Tag theilt man im bürgerlichen Leben jetzt allgemein in 24 gleiche Theile (Stunden); die Zählung der Stunden fängt man mit der Mitternacht an und setzt sie bis Mittag

(Mitte des Tages) oder 12 Uhr fort, von wo dann die Zählung der zweiten Tageshälfte in 12 Stunden von Neuem begonnen und mit Mitternacht geschlossen wird.

3. Bei den Astronomen fängt der Tag mit dem Mittag an, wo die Sonne ihren höchsten Stand am Himmel hat und im Meridian des Ortes sich befindet, und hört mit dem nächstfolgenden Mittag auf. Der Moment, wo die Sonne culminirt oder ihren höchsten Stand am Himmel hat, wird auch der wahre Mittag genannt. Die zwischen 2 wahren Mittagen liegende Zeit nennt man einen astronomischen Tag oder wahren Sonnentag und theilt ihn, wie den bürgerlichen Tag, in 24 Stunden.

Die Sonnentage und deren Stunden, wie diese von gut construirten und gut aufgestellten Sonnenuhren gezeigt werden, sind das Jahr hindurch nicht von gleicher Dauer.

Die Erde bewegt sich bei ihrer alltäglichen Rotation um ihre Achse zugleich jährlich 1 Mal in einer länglichrunden Bahn um die Sonne. In der Sonnennähe ist ihre Bewegung rascher, in der Sonnenferne langsamer. Diese während eines Tages zurückgelegten größeren oder kleineren Bahnstrecken insbesondere sind es, wodurch die Tage im Laufe des Jahres eine ungleiche Länge erhalten.

Nimmt man von allen längeren und kürzeren Sonnentagen des Jahres das arithmetische Mittel, so erhält man einen Sonnentag von mittlerer Länge. Ein solcher Tag heißt ein mittlerer Sonnentag. Und solcher mittlerer Sonnentage von gleicher Dauer gehen 365 Tage 5 St. 48 M. 50 bis 51 Sec. auf ein Jahr.

Ist ein Regulator oder Chronometer so gut gearbeitet und ausprobirt, daß er das ganze Jahr hindurch in gleichem Tempo gehend dasselbe in 365 T. 5 St. 48 M. und 50 bis 51 Sec. theilt, so heißt die von dieser Uhr angezeigte Zeit die mittlere Sonnenzeit, auch einfach mittlere Zeit, während die von einer richtig construirten Sonnenuhr angezeigte Zeit Sonnenzeit genannt wird.

4. Um nun aus der ungleichförmig fortschreitenden Sonnenzeit, wie sie von einer Sonnenuhr, einer gezogenen Mittagslinie ꝛc. angezeigt wird, die mittlere Zeit, die unsere Räderuhren angeben sollen, bestimmen zu können, bedürfen wir einer Zeitgleichungstabelle, d. h. einer Tabelle, die angibt, auf welche Zeit eine Räderuhr gestellt werden muß in dem Moment, wo die Sonne den Meridian des Ortes passirt, oder wo es 12 Uhr nach der Sonnenuhr ist, oder welche (Tabelle) uns angibt, um wie viele Minuten und Secunden die Räderuhr mehr oder weniger haben soll, als eine richtige Sonnenuhr, in dem Moment, wo es 12 Uhr nach der Sonnenuhr ist, oder wo die Sonne den Meridian des Ortes passirt. Fast in jedem Kalender findet sich in unsern Tagen ein solches Täfelchen mit Zeitgleichungen für das laufende Jahr. Gleichwohl haben wir es doch nicht unterlassen wollen, 4 Tafeln der Zeitgleichung für eine Periode von 4 auf einander folgenden Jahren beizufügen. Von dieser Zeitgleichung wird weiter unten die Rede sein.

§. 2. Die Zeitbestimmung aus gleichen Sonnenhöhen.

1. Die Sonnenzeit kann allerdings aus einer einzigen vermittelst eines correct gearbeiteten Höhenmessers nach Graden, Minuten und Secunden gemessenen Sonnenhöhe bestimmt werden. Allein, Instrumente, womit Sonnenhöhen von solcher Schärfe gemessen werden können, so wie die übrigen in diesem Falle erforderlichen Hülfsmittel, als specielle Declinationstafeln ꝛc., ganz genaue Kenntniß der Polhöhe des Beobachtungsortes, die in Anspruch genommenen mathematischen Kenntnisse finden sich nicht bei allen Freunden einer genauen Zeitbestimmung. Deßhalb übergehen wir hier die Zeitbestimmung aus der Beobachtung einer einzigen Sonnenhöhe.

2. So schwer es ist, aus einer einzigen Sonnenhöhe die Zeit genau zu bestimmen, so leicht ist es, aus mehreren gleichen vor- und nachmittägigen (sogenannten correspondirenden) Sonnenhöhen die Zeit genau zu bestimmen.

Ein einfacher Sextant von 9 bis 12 Zoll im Radius, der so eingerichtet ist (wenn auch sonst incorrect gearbeitet), daß kleine Veränderungen in der Sonnenhöhe damit scharf beobachtet werden können, ist für unsern Zweck vollkommen genügend. Dabei ist jedoch zu bemerken, daß die Beobachtung der correspondirenden Sonnenhöhen am Morgen früh und am Abend spät aus gewissen hier nicht näher zu erörternden Gründen nicht stattfinden darf; man warte, bis die Sonne wenigstens 1 Stunde aufgegangen ist. Noch weniger beobachte man Sonnenhöhen zum Zweck der Zeitbestimmung nahe beim Mittag; zwischen 10 Uhr Vor- und 2 Uhr Nachmittags mache man in der Regel keine Beobachtungen.

Wie man nun aus gleichen Sonnenhöhen die Sonnenzeit leicht bestimmen könne, soll hier sogleich an einigen Beispielen gezeigt werden.

A beobachtete Vormittags mit einem Sextanten 10 Grad Sonnenhöhe. In dem Moment, als die Sonne 10 Grad hoch am Himmel stand, zeigte seine Secunden-Taschenuhr 9 Uhr 7 M. 8 Sec.

Von der Taschenuhr wird angenommen, daß sie einen gleichförmigen Gang hat; ob sie sich verfrüht oder verspätet, darauf kommt es hier nicht an.

Als an demselben Tage Nachmittages die Sonne 10 Grad hoch am Himmel stand, zeigte dieselbe Secunden-Taschenuhr 3 Uhr 2 M. 6 Sec.

Wie war der Stand dieser Taschenuhr im Moment des wahren Mittags?

Antwort: Sie ging gegen eine richtige Sonnenuhr 4 M. 37 Sec. zu früh.

Dieses ergibt sich auf folgende Weise: Der leichtern Rechnung wegen
setzt man statt 1 Uhr Nachmittags 13 Uhr,
statt 2 Uhr Nachmittags 14 Uhr ꝛc.

Wie an demselben Tage zwischen den gleichen Sonnenhöhen (in unserm Beispiel zwischen 10 Grad Sonnenhöhe Vor- und 10 Grad Sonnenhöhe

Nachmittags) der Culminationspunkt in der Mitte liegt, so liegt auch zwischen
9 Uhr 7 M. 8 Sec. Vor-
und 15 Uhr 2 M. 6 Sec. Nachmittags
(abgesehen von der Declinations-Veränderung der Sonne während dieser Zwischenzeit) 12 Uhr wahre Zeit in der Mitte.

Daher werden 9 Uhr 7 M. 8 Sec. und
15 Uhr 2 M. 6 Sec. addirt,
und die Summe 24 Uhr 9 M. 14 Sec. durch 2 dividirt;
demnach ist der Quotient 12 Uhr 4 M. 37 Sec. die Zeit, welche die Secunden-Taschenuhr in dem Moment zeigte, als der Mittelpunkt der Sonne den Meridian passirte. Die Taschenuhr ging folglich gegen eine richtige Sonnenuhr 4 M. 37 Sec. (d. h. um denjenigen Theil, den sie mehr als 12 Uhr zeigte) zu früh.

---

§. 3. Zeitbestimmung aus gleichen Sonnenhöhen mit Anwendung der Mittagsverbesserung. Einrichtung und Gebrauch der Tafeln der Mittagsverbesserung.

Werden die Beobachtungen gemacht zur Zeit der Solstitien — ob 4 bis 5 Tage früher oder später, ist für unsern Zweck nicht von Bedeutung — also zwischen dem 16ten und 26. Juni, oder zwischen dem 18ten und 26. December, wo die Abweichung der Sonne während der kurzen Zwischenzeit, welche zwischen den gleichen Sonnenhöhen verfließt, sehr unbedeutend ist; so kann das gefundene Resultat, wenn sonst kein Fehler begangen ist, für unsern Zweck als ein genügend richtiges angesehen werden.

In den übrigen Jahreszeiten dagegen ist dieses Resultat nicht an sich schon das richtige, sondern es muß um eine gewisse Anzahl von Secunden bald vermehrt, bald vermindert werden, weßhalb es selbst der unverbesserte Mittag genannt wird.

Es tritt nämlich wegen der Declination der Sonne die nachmittägige gleiche Sonnenhöhe in der einen Jahreshälfte früher, in der andern Jahreshälfte später ein, als dieses der Fall wäre, wenn gar keine Declination der Sonne stattfände.

Die Größe der Anzahl der Secunden, die zu dem unverbesserten Mittag zu addiren oder davon zu subtrahiren sind, hängt ab

a) von der geographischen Breite oder Polhöhe des Ortes;
b) von der Stärke der Declinations-Veränderung der Sonne in derjenigen Jahreszeit, in welcher die Beobachtungen gemacht werden;
c) von der Dauer der zwischen der vor- und nachmittägigen Beobachtung der gleichen Sonnenhöhen verflossenen Zeit, oder von der Größe des sogenannten Intervalles.

Mit Rücksicht auf diese drei Punkte sind unsere Tafeln der Mittagsverbesserung berechnet und geordnet (Tafel I.).

ad a. Man nehme die Mittagsverbesserung, d. h. die Anzahl Secunden, um welche der unverbesserte Mittag in der einen Jahreshälfte vermehrt, in der andern Jahreshälfte vermindert werden muß, aus derjenigen Tafel, welche mit ihrer überschriebenen Polhöhe der Polhöhe oder geographischen Breite des Beobachters am nächsten ist.

Geographische Breite, welche, wie oben schon angedeutet, mit der Polhöhe gleich groß ist, ist die in Graden ausgedrückte kürzeste Entfernung eines Ortes vom Erdäquator. Mit Hülfe einer guten Landkarte kann die geographische Breite eines Ortes für unsern Zweck genau genug bestimmt werden. Sowohl an der linken, als an der rechten Seite der Landkarte ist dieselbe gewöhnlich in Graden und Bruchtheilen von Graden, auf den Specialkarten in Graden und Minuten angegeben.

Bestimmte man aus gleichen Sonnenhöhen die Sonnenzeit in Köln, dessen geograph. Breite 50 Gr. 56 M. 32 Sec. beträgt, so hätte man die Mittagsverbesserung zu nehmen aus der Tafel, die mit „Polhöhe = 51 Grad" überschrieben ist. In Stuttgart, dessen geog. Breite 48 Gr. 46 M. 32 Sec. beträgt, hätte man die Mittagsverbesserung zu nehmen aus der Tafel, welche mit „Polhöhe = 49 Grad" überschrieben ist.

ad b. und c. In den beiden vertikalen Columnen, deren eine mit „Datum +", deren andere mit „Datum —" überschrieben ist, suche man denjenigen Monatstag auf, an welchem die Zeit bestimmt wird. Es sei der 10. September.

In der obersten Zeile, die mit „2 St. 3 St. 4 St." ꝛc. bezeichnet ist, suche man die Anzahl Stunden des Intervalles auf. Wären Morgens gegen 8 und Nachmittags gegen 4 Uhr die gleichen Sonnenhöhen beobachtet worden, so wäre das Intervall (16 — 8) = 8 Stunden; und man hätte aus der mit „8 St." überschriebenen Columne die Mittagsverbesserung zu nehmen.

Da wo die vertikale mit „8 St." überschriebene Columne zusammentrifft mit der wagerechten Zeile für den 10. September, findet sich die Mittagsverbesserung. Daher ist die Mittagsverbesserung für 49 Grad Polhöhe am 10. September bei 8 Stunden Intervall = 19 Secunden; für 51 Grad Polhöhe wäre die Mittagsverbesserung am 8. Mai bei 9 Stunden Intervall = 15 Secunden.

Die Mittagsverbesserung für die Monatstage in der mit „Datum +" überschriebenen Columne ist positiv, d. h. sie wird zum unverbesserten Mittag addirt; dagegen ist die Mittagsverbesserung für die Monatstage in der mit „Datum —" überschriebenen Columne negativ, d. h. sie wird vom unverbesserten Mittag subtrahirt.

Demnach ist die Mittagsverbesserung für 49 Gr. Polhöhe am 10. September bei 8 Stunden Intervall = + 19 Secunden, die zum unverbesserten

Mittag addirt werden; dagegen ist die Mittagsverbesserung für 51 Grad Polhöhe am 8. Mai bei 9 Stunden Intervall = — 15 Secunden, die vom unverbesserten Mittag subtrahirt werden.

Da nur für die Polhöhen von 45, 47, 49, 51, 53 und 55 Grad und zwar nur für die vollen Grade der Abweichung der Sonne, resp. für die möglichst nahe entsprechenden Monatstage und nur für die Intervalle der vollen Stunden (2, 3, 4, 5, 6, 7, 8, 9 und 10 Stunden) die Mittagsverbesserung in den Tabellen angegeben ist: so werden die genaue Polhöhe des Beobachtungsortes, Datum und Intervall der Beobachtungszeit in den Tabellen selbst gewöhnlich nicht vorkommen.

In diesen Fällen nehme man diejenige Mittagsverbesserung, welche in der genannten dreifachen Rücksicht die entsprechendste ist. Dadurch kommt man für den Zweck, eine Sonnenuhr aufzustellen, wovon später die Rede sein wird, der Wahrheit nahe genug; der dadurch entstehende Fehler dürfte im schlimmsten Falle höchstens 3 Secunden betragen. Würde die Zeit bestimmt zu dem Zweck, um eine möglichst richtige Mittagslinie zu ziehen, so könnte man, zur möglichst genauen Bestimmung der Mittagsverbesserung, der sogenannten Interpolation*) sich bedienen. Wie man für einen Monatstag, für ein Intervall und für eine Polhöhe, die in der Tafel nicht genau vorkommen, die Mittagsverbesserung berechnen könne, soll durch ein Beispiel gezeigt werden.

Was ist die Mittagsverbesserung am 20. Sept. bei $7^1/_2$ Stunde Intervall und 54 Gr. 40 M. Polhöhe?

Antwort: $24^8/_9$ Sec.

Auflösung. Der 20. September kommt in den Tafeln nicht genau vor, wohl der 18te und 21te.

Für den 18. Sept. bei 55 Gr. Polhöhe und $7^1/_2$ Stunde Intervall ist nach der Tafel die Verbesserung offenbar $24^1/_2$ Sec.

Für den 21. Sept. bei 55 Gr. Polh. und $7^1/_2$ St. Int. ist die Verbesserung $25^1/_2$ Sec.

In drei Tagen hat folglich die Verbesserung zugenommen um 1 Sec.; folglich beträgt die Zunahme in 2 Tagen (vom 18ten bis zum 20. Sept.) $^2/_3$ Sec.

Daher ist für den 20. Sept. bei 55 Gr. Polhöhe und $7^1/_2$ Stunde
Intervall die Mittagsverbesserung $24^1/_2 + {}^2/_3$ . . = $25^1/_6$ Sec.

Für den 18. Sept. bei 53 Gr. Polhöhe und $7^1/_2$ St.
Intervall ist die Correctur offenbar . . . . = $23^1/_2$ Sec.

Für den 21. Sept. . . . . = $23^1/_2$ Sec.

Folglich ist die Zunahme der Verbesserung in 3 Tagen . = 0 Sec.,
folglich auch in 2 Tagen . . . . = 0 Sec.

Daher ist für den 20. Sept. bei 53 Gr. Polhöhe und bei
$7^1/_2$ Stunde Intervall die Verbesserung . . . . . . = $23^1/_2$ Sec.
$25^1/_6$ Sec. weniger $23^1/_2$ Sec. . . . . = $1^4/_6$ Sec.

*) Interpolation, d. h. Einschiebung, d. i. Berechnung der Zwischenglieder.

D. h.: Während die Polh. 2 Grad größer geworden ist, ist die Mittagsverbesserung $1^4/_6$ Sec. größer geworden.

Die Polhöhe 54 Gr. 40 M. ist 1 Gr. 40 M. oder 100 M. größer als die Polhöhe 53 Gr.

Da nun durch 2 Grad oder 120 M. Polhöhe-Vergrößerung die Mittagsverbesserung um $1^4/_6$ Sec. vergrößert wurde, so wird durch 1 Gr. 40 M. oder durch 100 M. Polhöhe-Vergrößerung die Mittagsverbesserung vergrößert um $1^7/_{18}$ Sec., $(120 : {}^{10}/_6 = 100 : x)$.

Daher ist die Mittagsverbesserung für den 20. Sept. bei 54 Gr. 40 M. Polhöhe und $7^1/_2$ Stunde Intervall $= 23^1/_2 + 1^7/_{18} = 24^8/_9$ Sec.

Auf die oben angegebene leichte und einfache Art aufgesucht würde die Correctur $25^1/_2$ Sec. betragen; die Interpolation lieferte $24^8/_9$, also beinahe 25 Sec. Hieraus ergibt sich zugleich, daß es bei der Einrichtung unserer Tafeln in der Regel überflüssig ist, die Interpolation in Anwendung zu bringen.

Zum Zwecke größerer Klarheit und Verständlichkeit halten wir es für gut, an einzelnen Beispielen zu zeigen, wie aus gleichen Sonnenhöhen die Zeit bestimmt wird.

---

§. 4. Zeitbestimmung aus gleichen Sonnenhöhen in Beispielen.

Erstes Beispiel: In Aachen, dessen Polhöhe 50 Gr. 47 M. 9 Sec. beträgt, wurden am 23. April Vor- und Nachmittags gleiche Sonnenhöhen beobachtet. Bei der Vormittags beobachteten Sonnenhöhe zeigte eine Taschenuhr 8 Uhr 20 M. 11 Sec. Bei der an demselben Tage Nachmittags beobachteten correspondirenden Sonnenhöhe zeigte die Taschenuhr 3 Uhr 39 M. 15 Sec. Wie war der Stand der Taschenuhr im Moment des wahren Mittags?

Antwort: Sie gab den wahren Mittag um 34 Sec. zu spät an.

Auflösung: Vormittagszeit	8 Uhr 20 M. 11 Sec.
dazu addirt die Nachmittagszeit	15 Uhr 39 M. 15 Sec.*)
macht zusammen	23 Uhr 59 M. 26 Sec.
Davon die Hälfte oder der unverbesserte Mittag =	11 Uhr 59 M. 43 Sec.
geht ab die Mittagsverbesserung	17 Sec.
somit bleibt für den wahren Mittag =	11 Uhr 59 M. 26 Sec.

Die Taschenuhr zeigte im Moment des wahren Mittags 11 Uhr 59 M. 26 Sec.; sie ging also, mit einer richtigen Sonnenuhr verglichen, 34 Sec. zu spät.**)

Die — 17 Sec. Mittagsverbesserung wurden in folgender Art aufgesucht.

*) Statt 3 Uhr 39 M. 15 Sec. Nachmittags schreibt man, wie früher bemerkt, 15 Uhr 39 M. 15 Sec.

**) Von der mittleren Zeit und von der Zeitgleichung wird weiter unten die Rede sein.

50 Gr. 47 M. 9 Sec. Polhöhe fällt zwischen die Polhöhen von 49 und 51 Grad, für welche die Tafeln die Mittagsverbesserung liefern.

Weil 50 Gr. 47 M. Polhöhe näher bei 51 als bei 49 Gr. Polhöhe ist, so nehme man aus der mit „Polhöhe = 51 Grad" überschriebenen Tafel die Mittagsverbesserung.

In den Tafeln ist nicht für den 23ten, wohl aber für den 22. und 25ten April die Mittagsverbesserung angegeben. Der 23te ist näher beim 22ten als beim 25ten; deßhalb nehme man die für den 22ten April angegebene Mittagsverbesserung.

Das Intervall ist in unserem Beispiel (15 Uhr 39 M. 15 Sec. weniger 8 Uhr 20 M. 11 Sec.) = 7 St. 19 M. 4 Sec., welches näher bei 7 als bei 8 Stunden Intervall ist. Daher nehme man die für 7 Stunden Intervall am 22. April angegebene Mittagsverbesserung, nämlich 17 Sec., welche hier negativ, d. h. vom unverbesserten Mittag zu subtrahiren sind, weil der Monat April in der mit „Datum —" überschriebenen Columne steht.

Zweites Beispiel. Die Uhr des A, der an einem Orte, welcher 48 Gr. 11 M. Polhöhe hatte, am 7. October Vor- und Nachmittags gleiche Sonnenhöhen beobachtete, zeigte bei den gleichen Sonnenhöhen

Vormittags 9 Uhr 19 M. 12 Sec.
Nachmittags 2 Uhr 51 M. 58 Sec.

Was war der Stand dieser Uhr im Moment des wahren Mittags?

Antwort: 12 Uhr 5 M. 55 Sec., oder die Uhr ging gegen eine richtige Sonnenuhr 5 M. 55 Sec. zu früh.

Auflösung. Vormittagszeit	9 Uhr 19 M. 12 Sec.
dazu addirt die Nachmittagszeit	14 Uhr 51 M. 58 Sec.
macht zusammen	24 Uhr 11 M. 10 Sec.
Davon ist die Hälfte oder der unverbesserte Mittag	12 Uhr 5 M. 35 Sec.

Nun ist die Mittagsverbesserung zu bestimmen und anzubringen.

48 Gr. 11 M. Polhöhe fällt zwischen 47 und 49 Grad Polhöhe in unsern Tafeln der Mittagsverbesserung, ist aber näher bei 49 als bei 47 Grad Polhöhe. Deßhalb wird die Mittagsverbesserung genommen aus der Tafel, welche mit „Polhöhe = 49 Grad" überschrieben ist.

Der 7te October ist näher beim 6ten als beim 9ten October.

5 Stunden 32 M. 46 Sec. Intervall (14 Uhr 51 M. 58 Sec. weniger 9 Uhr 19 M. 12 Sec. = 5 Stunden 32 M. 46 Sec.) fällt zwischen 5 und 6 Stunden Intervall in unsern Tafeln, ist aber näher bei 6 Stunden Intervall.

Daher nehme man die Mittagsverbesserung, welche in der Tafel „Polhöhe = 49 Grad" für den 6ten October bei 6 Stunden Intervall angegeben ist, nämlich 20 Sec. Diese 20 Sec. sind positiv, d. h. zum oben gefundenen unverbesserten Mittag 12 Uhr 5 M. 35 Sec. zu addiren, weil der Monat October in der Columne steht, welche mit „Datum +" überschrieben ist. Daher ist der wahre Mittag 12 Uhr 5 M. 55 Sec., d. h. die Uhr zeigte im Moment des wahren Mittags 12 Uhr 5 M. 55 Sec., ging also, mit einer richtigen Sonnenuhr verglichen, im Moment des wahren Mittags 5 M. 55 Sec. voraus.

§. 5. Man bestimme die Zeit nicht aus einem Paar, sondern aus mehreren Paaren gleicher Sonnenhöhen.

Von den Resultaten, die der Mehrzahl nach einander am nächsten kommen, nehme man das arithmetische Mittel; die auffallend abweichenden Resultate verwerfe man.

Beispiel. In Mainz, welches 50 Gr. Polhöhe hat, werden am 4. Mai 5 Paar correspondirende Sonnenhöhen beobachtet, um den Stand einer Secundenuhr für den Moment des wahren Mittags zu bestimmen.

Beobachtete Sonnenhöhen.	Notirte Zeiten der Secundenuhr. Vormittags.			Nachmittags.			Berechnete Uhrzeit im unverbesserten Mittag.		
	Uhr.	M.	S.	Uhr.	M.	S.	Uhr.	M.	S.
a	8	7	9	15	58	50	12	2	59½
b	8	10	19	15	55	38	12	2	58½
c	8	13	35	15	52	21	12	2	58
d	8	16	45	15	48	49	12	2	47
e	8	19	47	15	46	15	12	3	1.

Das Resultat, welches sich aus den correspondirenden Sonnenhöhen d ergeben hat, nämlich 12 Uhr 2 M. 47 Sec., weicht auffallend von den vier übrigen Resultaten ab. Darum wird dieses Resultat verworfen. Die vier übrigen Resultate werden addirt und die Summe durch 4 dividirt. Der Quotient 12 Uhr 2 M. 59¼ Sec. ist der unverbesserte Mittag.

Die Mittagsverbesserung, welche mit Rücksicht auf Polhöhe, Datum und Intervall eher 14 als 13 Secunden beträgt, ist negativ, weil der Monat Mai in der mit „Datum —" überschriebenen Columne steht, folglich vom unverbesserten Mittag 12 Uhr 2 M. 59 Sec. abzuziehen. Daher zeigte die Uhr im Moment des wahren Mittags 12 Uhr 2 M. 45 Sec.

Die Zeit dieser Uhr wurde, verglichen mit der Zeit einer richtig gehenden Sonnenuhr, um 2 M. 45 Sec. zu früh angegeben.

§. 6. Die Mittagslinie und wie sie leicht gezogen werden kann.

Wir haben nun gesehen, wie die Sonnenzeit*) bestimmt werden kann. Wir haben aber auch gesehen, daß die Zeitbestimmung auf die angegebene Art,

*) Wie die Sonnenzeit, welche durch die Beobachtung von Sonnenhöhen gefunden und von richtigen Sonnenuhren angegeben wird, vermittelst der Tafeln der Zeitgleichung in mittlere Zeit, welche die Räderuhren anzugeben haben, verwandelt wird, wird am Ende des Werkchens gezeigt.

welche die leichteste und sicherste ist, einige Zeit und Mühe in Anspruch nimmt. Um nun für die Zukunft der Mühe überhoben zu sein, die Zeit auf die angegebene Art zu bestimmen, thut man wohl, daß man sich eine Mittagslinie zieht. Auf einer solchen Linie ist dann täglich, wenn nicht Wolken die Sonne bedecken, der Moment des wahren Mittags wahrzunehmen, wie wir sehen werden.

Wie eine solche Mittagslinie leicht gezogen werden kann, soll hier sogleich gezeigt werden.

Wir wählen dabei absichtlich die einfachste Art von Mittagslinie, die an jedem Fenster, welches gegen Südost, gegen Süd oder Südwest gerichtet ist, gezogen werden kann.

Man schlage (Fig. XII.) einen langen kräftigen Nagel AT, welcher an seinem Kopfende A durchbohrt ist und eine so starke Oeffnung hat, daß ein dicker Bindfaden durchgeht, in den rechten, linken oder oberen Theil des Fenstergewändes, mit Rücksicht auf die Lage des Fensters gegen die Himmelsgegend. Durch die Nagelöffnung ziehe man einen Bindfaden oder eine Darmsaite oder einen Gummifaden und befestige ihn; an B, das andere Ende des Fadens, befestige man ein Gewicht P, welches schwer genug ist, denselben straff zu ziehen. Damit der Faden selbst beim Winde die lothrechte Lage behalte, stelle man ein Gefäß mit Wasser darunter, so, daß P unter Wasser ist. Hat man Mittel, B, das Ende des Fadens AB, so zu befestigen, daß AB in lothrechter Lage ist, so ist dieses noch besser. Man richte die Sache möglichst so ein, daß die Fläche, auf welche der vom Faden AB ausgehende Schatten in der Mittagsstunde geworfen wird, möglichst groß, eben und weiß ist.

Die Dicke des Fadens richtet sich nach der Größe, resp. Distanz der Fläche, auf welche sein Schatten in der Mittagsstunde geworfen wird. Durch einen Versuch ermittelt man leicht die erforderliche Dicke des Fadens.

An dem Tage nun, an welchem man aus gleichen Sonnenhöhen den Stand einer Secunden-Taschenuhr bestimmt, gehe man in der Mittagsstunde, bevor der wahre Mittag eingetreten ist, zu dem Fenster, wo die Mittagslinie gezogen werden soll, und verfahre in folgender Weise:

In dem Moment, wo die Secunden-Taschenuhr 11 Uhr 55 M. zeigt — angenommen, man ist überzeugt, daß die Secunden-Taschenuhr wenigstens bis auf 5 M. die Sonnenzeit richtig zeigt — markire man die Lage der von dem Faden AB geworfenen Schattenlinie, dadurch, daß man diese Lage in 2 möglichst weit von einander entfernten Punkten als in d und D vermittelst eines fein gespitzten Bleistiftes bezeichnet.

Eben so markire man jede einer vollen Minute entsprechende Schattenlinie des Fadens AB durch 2 Punkte und setze diese Operation bis zur 5ten vollen Minute über 12 Uhr hinaus fort.

Verbindet man dann d mit D, e mit E, f mit F u. s. w. durch gerade Linien, so bezeichnet

dD	die Schattenlage für die	5te	Minute vor 12 Uhr,
eE	„ „ „ „	4te	„ „ „ „
fF	„ „ „ „	3te	„ „ „ „
gG	„ „ „ „	2te	„ „ „ „
hH	„ „ „ „	1te	„ „ „ „
iJ	„ „ „ „	12 Uhr.	
kK	„ „ „ „	1te	Minute nach 12 Uhr,
lL	„ „ „ „	2te	„ „ „ „
mM	„ „ „ „	3te	„ „ „ „
oO	„ „ „ „	4te	„ „ „ „
rR	„ „ „ „	5te	„ „ „ „

Ergäbe sich nun Nachmittags am Schlusse der Beobachtung der correspondirenden Sonnenhöhen und nach vorgenommener Rechnung, daß die Secunden-Taschenuhr die Sonnenzeit genau angäbe: so wäre iJ die Mittagslinie; es wäre an jedem folgenden Tage genau Mittag in dem Augenblicke, wo der Schatten des Fadens AB auf die Linie iJ fiele.

Fände sich, daß die Taschenuhr genau 5 M. zu spät ginge, so wäre dD die Mittagslinie; ginge die Uhr 4 M. zu spät, so wäre eE die Mittagslinie u. s. w.

Ginge dagegen die Uhr 1 M. zu früh, so wäre kK die Mittagslinie. Ginge die Uhr 2 M. zu früh, so wäre lL die Mittagslinie u. s. w.

Geht die Secunden-Taschenuhr gegen eine richtige Sonnenuhr Minuten und Bruchtheile einer Minute zu früh oder zu spät; geht sie z. B. 2 M. 20 S. zu früh, wie wird die Mittagslinie gefunden?

Man verlängere Dd über d hinaus, eben so Rr über r hinaus. Von dem Durchschnittspunkt N aus als Centrum beschreibe man mit ND als Radius den Bogen DEFGHJKLMOR. Wenn die Secunden-Taschenuhr 2 M. 20 Sec. zu früh ging, so liegt die Mittagslinie offenbar zwischen lL und mM. Da ein Punkt der Mittagslinie, nämlich N schon bestimmt ist, so ist nur noch ein zweiter Punkt zu bestimmen.

Der Schatten des Fadens AB hat in 60 Sec. den Bogen LM beschrieben, folglich hat er in 20 Sec. $\frac{20 \times LM}{60} = \frac{LM}{3}$ beschrieben.

Macht man $Lv = \frac{LM}{3}$ und legt durch N und v die gerade Linie NS, so ist NS die Mittagslinie des Ortes.

Erlaubt die Lokalität die Verlängerung der Linien Dd über d und Rr über r hinaus bis zu ihrer Durchschneidung nicht, so nehme man mit dem Zirkel in l und L den 3ten Theil des senkrechten Abstandes der Linie mM von lL und lege durch die gefundenen Punkte y und v die gerade Linie nS, die dann die Mittagslinie des Ortes ist.*)

*) Bei der Bestimmung der Lage der Mittagslinie, wenn diese den wahren Mittag richtig zeigen soll, ist Alles möglichst scharf zu nehmen. Ein feiner Haarzirkel und ein 1000theiliger Maßstab (davon weiter unten) leisten bei diesen und ähnlichen Arbeiten die schönsten Dienste.

Die Mittagslinie werde auf der Ebene (diese mag eine horizontale, vertikale oder geneigte sein) deutlich gezeichnet und hinreichend verlängert, damit der Schatten des Fadens AB im Moment des wahren Mittags — es mag Sommer oder Winter sein — die Mittagslinie erreiche.*)

Eine richtige Mittagslinie zu besitzen ist angenehm und nützlich. In Verbindung mit den Tafeln der Zeitgleichung gibt sie uns ein bequemes Mittel, uns von dem Stand und Gang unserer Räderuhren zu überzeugen, resp. letztere in richtigen Stand und Gang zu bringen, ohne in die Nothwendigkeit versetzt zu werden, wiederholt Sonnenhöhen zu beobachten, was zeitraubend ist und bald lästig wird.

Ja selbst für denjenigen, der sich eine Sonnenuhr anfertigt oder anfertigen läßt, ist die Mittagslinie von Nutzen. Von der Mittagslinie die Sonnenzeit hernehmend umgeht man leicht die sonst mit der Aufstellung der Sonnenuhr verbundenen Schwierigkeiten. An der Mittagslinie hat man zugleich das einfachste und bequemste Mittel, sich davon zu überzeugen, ob die Sonnenuhr in der ursprünglich ihr gegebenen richtigen Stellung sich noch befinde, oder ob Störungen eingetreten seien.

Wäre die Mittagslinie am 1. Juli auf die oben angegebene Art gezogen, und hätte sich iJ als Mittagslinie ergeben, so würde nur die Linie iJ als Mittagslinie das ganze Jahr hindurch denselben Zeitwerth behalten, d. h. den wahren Mittag anzeigen. Alle andere Linien dagegen (Dd, Ee, Ff u. s. w.) werden als sogenannte Azimuthal-Linien das Jahr hindurch, je nach der Polhöhe und Declination der Sonne, den Zeitwerth, den sie am 1ten Juli hatten, wo die Mittagslinie gezogen wurde, mehr oder weniger ändern. Ich mache nur deßhalb darauf aufmerksam, weil, wie ich aus Erfahrung weiß, schon Mancher auf diese Weise die Schattenwinkel für eine Horizontal-Sonnenuhr zu erhalten glaubte, daß er die Lage des Schattens, der von einem geraden lothrechten Körper auf eine mehr oder weniger horizontale Ebene geworfen wurde, in bestimmten Zeitintervallen markirte, meinend, daß solchen Azimuthal-Winkeln das ganze Jahr hindurch gleiche Tageszeiten entsprächen, was durchaus nicht der Fall ist.

---

§. 7. Anfertigung eines Instrumentes zur Beobachtung correspondirender Sonnenhöhen und sein Gebrauch.

Bevor wir zu den Sonnenuhren übergehen, wollen wir noch am Schlusse der Zeitbestimmung aus gleichen Sonnenhöhen eine kurze Anleitung zur Anfertigung eines Instrumentes geben, welches zur Beobachtung correspondirender

*) Eine ausführliche Anleitung, eine größere Mittagslinie zu ziehen und damit eine große Sonnenuhr für die Mittagszeit zu verbinden, findet man in meinem „Zeitmesser.“ Paderborn. Verlag von Ferdinand Schöningh.

Sonnenhöhen geeignet ist. Hoffentlich wird dieses den meisten Lesern lieb sein. Fig. XI. stellt ein solches Instrument mit seinem Stativ (Gestell) vor.

ABDA ist der Höhenmesser, HJKL mit dem senkrecht aufstehenden Aufsatz MEN ist das Stativ zum Höhenmesser; beide können aus Holz angefertigt werden. Sie sind groß genug, wenn die Zeichnung in 5 Mal vergrößertem Maßstab ausgeführt wird.

Erklärung der Zeichnung.

Die beiden Bälkchen QB und RB, so wie der Gradbogen ADRQ und das Querbälkchen FG mögen ½ Zoll dick sein, und ihre Oberflächen in derselben Ebene liegen.

Von c aus als Centrum sind die concentrischen Bögen beschrieben. Die Theilung des Gradbogens bedarf wohl keiner Erklärung. Soll der Höhenmesser bloß zur Beobachtung correspondirender Sonnenhöhen dienen, so ist es nicht nöthig, daß die Theilung correct ausgeführt werde.

lkgi bezeichnet ein Blech, ungefähr ½ Linie dick, vertikal auf QB aufstehend, parallel zu dem Radius co, der durch o Grad der Theilung geht, in der Mitte, im Durchschnittspunkte der Linien lg und ik, also in r durchbohrt, so daß das Löchelchen kaum die Weite einer dicken Nähnadel hat, (das Löchelchen muß so groß sein, daß das Bild des durchgehenden Sonnenstrahles, bei afbd aufgefangen, gut wahrnehmbar ist). Dieses Blech nennt man das Objectiv-Diopter, weil es der Sonne oder dem Object, zugekehrt wird.

bfad bezeichnet ein ähnliches Blech (Ocular-Diopter), vertikal auf RB aufstehend, parallel zu dem Objectiv-Diopter oder parallel zu co.

Außerdem ist über die Stellung der Diopter noch Folgendes zu bemerken. Denkt man sich von a nach i eine gerade Linie gezogen (sie ist durch Pünktchen angedeutet), so daß ai den Radius co rechtwinklig durchschneidet: so müssen die beiden Diopter eine solche Stellung zu einander haben, daß die 4 Linien ai, ir, rs (s ist der Punkt auf dem Ocular-Blech, in welchem das Sonnenbild aufgefangen wird) und sa ein rechtwinkeliges Parallelogramm bilden, welches vertikal auf ABD steht.

Das Ocularblech werde mit weißem Papier beklebt, um das Sonnenbild deutlicher und markirter sehen zu können; auf blankem Metall ist das Sonnenbild nicht gut zu sehen.

cz bezeichnet ein Menschen- oder Pferdehaar. Sind die Augen noch scharf genug, ein dünnes Menschenhaar zu sehen, so nehme man kein Pferdehaar. P bezeichnet das Gewicht, womit das Haar beschwert und wodurch es in lothrechte Lage gebracht wird. Vor der Graduirung des Limbus lasse man da, wo das Centrum sein soll, ein Blechelchen von Messing oder Neusilber ein, wodurch ein Löchelchen gebohrt ist, so daß ein Pferdehaar durchgeht.

Ist man nicht im Stande, die Graduirung in Metall auszuführen, so beklebe man den Limbus mit Papier, führe dann die Graduirung aus und bestreiche sie mit durchsichtigem Firniß. Das Gestell besteht aus der ungefähr 1 Zoll dicken Platte **HJKL** mit dem vertikalen Aufsatz **MEN**, ebenfalls ungefähr 1 Zoll dick. Der Aufsatz ist in m durchbohrt. Mit einer Holzschraube von mäßiger Dicke und Länge wird ein Gewinde in das Loch des Aufsatzes geschnitten. Durch das Querbälkchen **Fg** wird ebenfalls in m ein Loch gebohrt, aber so groß, daß die Holzschraube frei durchgeht. Dieses Loch wird konisch versenkt, damit der konisch geformte Schraubenkopf hineingedreht werden könne und dieser dem Senkelhaare nicht hinderlich werde.

Die Stativtafel **HJKL** ist mit den 3 Stellschrauben A, B und D versehen, um dem Höhenmesser die rechte Stellung geben zu können. Je nachdem man die Schraube D rechts oder links dreht, nähert sich der Senkelfaden dem Limbus oder entfernt sich von ihm (dasselbe gilt von der Stellschraube B). Drehet man die Schraube A rechts (also in die Tafel hinein), so bewegt sich der Senkelfaden nach **A** hin; dreht man sie links, so bewegt sich der Senkelfaden nach **D** hin. Nur um kleine Veränderungen in der Stellung des Höhenmessers zu bewirken, macht man von der Stellschraube A Gebrauch. Soll eine große Veränderung in der Stellung bewirkt werden, so dreht man den Höhenmesser um die Schraube m selbst. Deßhalb darf die Schraube m nur mäßig stark angezogen werden. Das Stativ mit dem Höhenmesser wird so gestellt, und der Höhenmesser um die Schraube m so gedreht, wobei man durch Drehen der Stellschrauben zu Hülfe kommt, daß

1) der Senkelfaden ganz nahe am Limbus sich befindet, doch ohne ihn zu streifen, daß
2) der Sonnenstrahl, der durch die Oeffnung **r** des Objectivs **lkgi** geht, in dem Punkte s des Oculars **afbd** aufgefangen wird. Hat das Instrument die unter 1 und 2 bezeichnete Lage, so gibt das Senkelhaar auf dem graduirten Limbus die Sonnenhöhe an.

Daß der Senkelfaden nicht in Bewegung sein dürfe, sondern ruhig herunterhangen müsse, um den Höhenwinkel scharf ablesen zu können, braucht wohl nicht bemerkt zu werden. Um nun im Freien bei mäßiger Luftströmung arbeiten zu können, stelle man ein Glas mit Wasser auf die Stativtafel unter den Senkel, so daß das Senkelgewicht selbst unter Wasser ist.

Soll der Höhenmesser nur zur Bestimmung correspondirender Sonnenhöhen benutzt werden, so braucht es, wie mit der Graduirung des Limbus, eben so mit der Stellung der Diopter nicht so genau genommen zu werden, wie sie hier beschrieben ist.*)

---

*) Eine speciellere Belehrung über den Sextanten, die Begründung des hier angegebenen praktischen Verfahrens, einen Höhenmesser zu construiren, so wie Anleitung, den Limbus so zu graduiren, daß die Größe des Winkels bis auf 2 Minuten abgelesen werden kann, findet man in meinem „Zeitmesser.“

§. 8. Die Aequatorial- oder Aequinoctial-Sonnenuhr.

Wenn man sich von der Erdkugel bloß die Aequatorebene und die Erdachse als noch vorhanden, die nördliche Halbkugel sowohl als die südliche entfernt denkt, so wirft die Erdachse ihren Schatten auf diese runde ebene Scheibe. Angenommen, daß die Aequatorebene noch ebenso regelmäßig um die Erdachse sich dreht, so beschreibt der Schatten der Erdachse auf dieser Ebene in gleichen Zeittheilen gleich große Bögen oder Winkel; also stündlich einen Winkel von $\frac{360}{24}$ Gr. = 15 Gr.

Denken wir uns einen geraden Stab, parallel zu der Erdachse, in geringerer oder größerer Entfernung bis zu 859 deutsche Meilen von derselben, auf der Aequatorebene stehend: so wird auch der Schatten dieses Stabes, gleichförmig sich drehend, allstündlich einen Bogen von 15 Grad und in 24 Stunden einen Kreis beschreiben.

Was von der Aequatorebene gesagt ist, gilt überall auf der Erde von jeder Ebene, welche parallel zu der Ebene des Aequators liegt, und durch welche ein gerader Stift hindurchgeht, der parallel zur Erd- oder Weltachse ist.

Bei der Rotation der Erde um ihre Achse macht es allerdings einen kleinen Unterschied, ob der Schatten von der Erdachse selbst oder von einem zur Erdachse parallelen geraden Stift ausgeht. Allein der Fehler, der dadurch begangen wird, ist so klein, daß er hier durchaus nicht in Betracht kommen kann. Die Erde ist, von der Sonne aus angesehen, beinahe als ein Punkt zu betrachten; denn von der Sonne aus angesehen, bildet der Erdradius einen Sehwinkel von nur 8 bis 9 Secunden.

Aus dem Vorhergehenden ergibt sich die Construction einer Aequinoctial-Sonnenuhr.

Man nehme eine Metall-, Stein- oder Holz-Platte, welche an beiden Seiten eben und gleich dick ist und die Gestalt eines Quadrates oder Rechteckes hat. JFGH (Fig. I.) stellt eine solche Platte vor. Man durchbohre dieselbe im Mittelpunkt c mit einem feinen Bohrer und zwar senkrecht, so daß ein gerader Stift, der geschlossen durch diese Oeffnung geht, senkrecht zu jeder der beiden parallelen Ebenen ist. Dann beschreibe man von c aus auf beiden Seiten einen Kreis. Von c aus lasse man auf JF eine Senkrechte fallen, nämlich die Linie cm. Von m aus theile man den Kreis in 24, resp. 48, 96 gleiche Theile, je nachdem die Uhr ganze, halbe oder Viertel-Stunden zeigen soll.

In c lasse man nun einen geraden Stahlstift durch die Platte gehen, an beiden Seiten gleich weit hervorragend, und zwar so lang, daß im hohen Sommer, resp. im tiefen Winter in der Mittagsstunde, wo der Schatten am kürzesten ist, sein Schatten die eingetheilte Kreislinie noch erreicht.

ABDE sei eine Steinplatte, die in ihrer Oberfläche eben, und welche mit 3 Stellschrauben versehen ist und also vermittelst einer Wasserwage (Libelle) leicht horizontal gestellt werden kann.

WO stellt ein dickes gerades Metallblech vor, welches so an die Tafel ABDE geschraubt ist, daß es sich mit der geraden Linie NS unter rechten Winkeln durchschneidet. Nun stellt man die Steinplatte ABDE so auf, daß ihre Oberfläche horizontal ist und NS in der Mittagslinie des Ortes sich befindet, N nach Norden, S nach Süden gerichtet. Dann stellt man die Sonnenuhrtafel so auf die Steinplatte ABDE, daß FJ hart an OW zu stehen kommt, und der Neigungswinkel der Tafel FGHJ zur Steinplatte ABDE gleich ist dem Winkel der Aequatorhöhe (d. i. gleich ist demjenigen Winkel, der übrig bleibt, wenn man den Winkel der Polhöhe von 90 Grad abziehet).

Es ist an der Sonnenuhrtafel oder an der unteren Platte eine solche Vorkehrung zu treffen, daß erstere unter jedem beliebigen Winkel aufgestellt werden kann.

Unter dem Aequator, wo die Aequatorhöhe 90 Grad ist, wird die Sonnenuhrtafel vertikal aufgerichtet; in Berlin, dessen Polhöhe 52 Gr. 31 M. ist, erhält sie einen Neigungswinkel von (90 Gr. weniger 52 Gr. 31 M. =) 37 Gr. 29 M.; am Pol erhielte sie eine horizontale Lage.

Statt die Steinplatte ABDE so zu stellen, daß NS in der Mittagslinie des Ortes sich befinde, verfahre man lieber in folgender Weise. Hat man bereits eine Mittagslinie gezogen, so stelle man eine Taschenuhr so, daß sie die Sonnenzeit zeigt; hat man keine Mittagslinie, so stelle man nach angestellter Beobachtung correspondirender Sonnenhöhen eine Taschenuhr so, daß sie die Sonnenzeit zeigt. Nun gehe man sogleich an die Aufstellung der Sonnenuhr. Man stelle dieselbe so auf die untere Platte, daß JF, die Kante der Sonnenuhrtafel, hart an wo zu stehen kommt und sie mit der Platte ABDE einen Neigungswinkel bildet, welcher gleich ist dem Winkel der Aequatorhöhe. Nun stelle man die Platte ABDE mit Hülfe der angebrachten 3 Stellschrauben und einer Wasserwage, resp. feinen Setzwage (siehe weiter unten) so, daß 1) die Oberfläche von ABDE horizontal ist, und daß 2) die Sonnenuhr mit der (augenblicklich Sonnenzeit zeigenden) Taschenuhr in den Zeitangaben harmonire. Hat man der Platte ABDE eine solche Stellung auf einem festen Stein ꝛc. gegeben, so sorge man dafür, daß die Stellschrauben kleine Vertiefungen für ihre Fußspitzen in der Unterlage erhalten, damit keine Verrückung stattfinden könne, und damit man die Platte ABDE mit der Sonnenuhr von ihrem Standort wegnehmen und selbe in einem Augenblick richtig wieder aufstellen könne.

Ist die Sonnenuhr richtig aufgestellt, so gibt sie richtig die Sonnenzeit an, und ihre Oberfläche (dasselbe gilt von der parallel mit ihr laufenden untern Gegenfläche) nach allen Seiten ausgedehnt gedacht, beschreibt den Himmels-Aequator, den zur Zeit der Aequinoctien (21ten März und 22. Septbr.) die Sonne passirt; daher ihr Name: Aequinoctial-Uhr.

In der einen Jahreshälfte, vom 21ten März bis zum 22ten Sept., wo die Declination der Sonne eine nördliche ist, scheint die Sonne auf die obere Fläche, in der andern Jahreshälfte, vom 22ten Septbr. bis zum 21ten März, wo die Declination der Sonne eine südliche ist, fallen die Sonnenstrahlen nur auf die untere Fläche der Sonnenuhrtafel. Man muß in dieser Jahreshälfte sich gefallen lassen, unter die Sonnenuhr zu sehen und die Zeit abzulesen, so gut es geht.

Um das Ablesen sich zu erleichtern, nimmt man gewöhnlich statt der ebenen Platte einen kreisförmigen metallenen Ring von 1 bis 2 Zoll Breite (je nach der Größe des Ringes) und theilt denselben im Innern ein, in der Art, wie oben gezeigt ist. Nun macht man noch einen zweiten Ring, der um die Metalldicke größer ist, als der erste. Dann schiebt man den ersten Ring in den zweiten, so daß beide Ringe unter rechten Winkeln sich hälften. Dann wird der 2te Ring an 2 entgegengesetzten Punkten, welche die Pole des ersten Ringes bilden, durchbohrt und durch die beiden Oeffnungen eine runde gerade Stange als Achse oder Gnomon gezogen. Ist nun dem zweiten Ringe eine solche Einrichtung gegeben, daß die Gnomonstange zu den Polen der Weltachse gerichtet werden kann, und wird ihr bei der Aufstellung wirklich diese Richtung gegeben, so ist die Uhr gut aufgestellt. Die Sonnenuhren, die man häufig in Gärten zu sehen bekommt, sind gewöhnlich Sonnenuhren dieser Art. Nur zu häufig sieht man es diesen Instrumenten an, daß der Anfertiger derselben weder Kenntniß noch Geschick in dieser Art hatte.

Würden die Ringe auf einer Metalldrehbank abgedreht, nähme man statt der metallenen Gnomonstange, die sich zu leicht verbiegt, eine dünne oder dicke Darmsaite (je nach der Größe der Ringe), und würde die Eintheilung auf einer Theilungs-Maschine ausgeführt; so wäre eine solche Aequinoctial-Uhr überall zu gebrauchen, und leistete, gut aufgestellt, die schönsten Dienste.

Aus dem Gesagten ergibt sich, weßhalb diese Sonnenuhr, die man die Sonnenuhr der Sonnenuhren nennen könnte, weil alle andere aus ihr hervorgehen und hergeleitet werden, gleichwohl doch immer mehr in Abnahme kommt, und man den horizontalen und vertikalen Sonnenuhren, die leichter anzufertigen und bequemer zu gebrauchen sind, den Vorzug gibt.

---

§. 9. Die Horizontal-Sonnenuhr.

Das bequemste Mittel der Zeitbestimmung ist eine gute, bewegliche, mit Stellschrauben versehene Horizontal-Sonnenuhr, die jede einzelne oder doch wenigstens jede 5te Minute genau angibt. Gern möchte ich den Lesern dieser Schrift gleich im Anfange eine solche Sonnenuhr in Wirklichkeit vorzeigen; eine aufmerksame Besichtigung und ordentliche Besprechung der Haupttheile und Eigenschaften derselben würde dazu beitragen, daß der Inhalt dieses Werkchens beim Durchlesen leichter verstanden würde.

Was in der Wirklichkeit nicht geschehen kann, soll durch eine Zeichnung vermittelt werden.

Fig. II. stellt eine solche Sonnenuhr vor, die jede fünfte Minute angibt. Man sieht aus der Zeichnung, daß jede Stunde in vier Viertel, und jede Viertelstunde in 3 Theile getheilt ist.

Die Winkel oder Bögen auf der Horizontal-Sonnenuhr für gleich große vor- und nachmittägige Zeiträume, die gleich weit vom Mittag entfernt sind, sind gleich groß; so z. B. ist

der Winkel $n''ca$ = dem Winkel $n''ca'$
W. acb = dem W. $a'cb'$
W. cbd = dem W. $b'cd'$ u. s. w.
folglich auch W. $n''cb$ = dem W. $n''cb'$
W. $n''cd$ = dem W. $n''cd'$ u. s. w.

Je weiter vom Mittag entfernt die gleich großen Zeiträume gegen 6 Uhr Morgens oder 6 Uhr Abends hin liegen, desto größer werden die entsprechenden Winkel; so z. B. ist

der W. $n''ca$ kleiner als der W. acb
W. acb kleiner als der W. bcd
W. bcd kleiner als der W. dce u. s. w.

Der Winkel NcA, eben so der Winkel NcB (die geographische Breite des Ortes, wofür die Horizontal-Sonnenuhr construirt wird, mag groß oder klein sein) enthält immer 90°.

Zeiten, die von 6 Uhr Morgens aus gegen Mittag oder gegen 4 Uhr Morgens hin (eben so von 6 Uhr Abends aus gegen Mittag oder gegen 8 Uhr Abends hin) gleich weit entfernt sind, haben auf der Uhr gleiches Winkelmaß; so ist z. B.

Winkel mcg = dem Winkel $m'cg$.
Winkel ncg = dem Winkel $n'cg$ u. s. w.

Das bisher Gesagte findet auf jede Horizontaluhr Anwendung, die Polhöhe oder geographische Breite des Ortes, für welchen die Uhr construirt wird, mag groß oder klein sein, d. h. der Ort, für welchen die Uhr construirt wird, mag nahe beim Aequator oder weit von demselben entfernt liegen.

Die Winkel auf der Horizontal-Sonnenuhr sind desto ungleichförmiger, je kleiner die geographische Breite des Ortes ist, für welchen die Uhr construirt wird; dagegen sind die Winkel desto gleichförmiger, je größer die geographische Breite ist.

Eine Horizontaluhr für 90° geographische Breite oder für den Pol selbst müßte eine durchaus gleichförmige Theilung bekommen, d. h. alle Winkel würden gleich groß gemacht werden müssen; jede Stunde müßte einen Winkel von 15°, folglich jede ½ Stunde einen Winkel von 7° 30′, ¼ Stunde einen Winkel von 3° 45′, 1/12 Stunde (oder 5 Minuten) einen Winkel von 1° 15′

erhalten müssen. Für die Pole sind mit andern Worten die Aequinoctial- und Horizontal-Sonnenuhr einander gleich.

Wie groß die Winkelgrößen auf einer Horizontaluhr, die jede 5te Zeitminute zeigen soll, je nach Verschiedenheit der geographischen Breite sein müssen, ist in unsern Tafeln angegeben, die betitelt sind: „Tafeln der Winkelgrößen für die Horizontal-Sonnenuhr." Von diesen Tafeln und von der Construction eines Winkels von bestimmter Größe wird weiter unten die Rede sein.

Die Tafel oder Platte, die zur Sonnenuhr dienen und mit Rücksicht auf die Polhöhe eingetheilt werden soll, muß in der Oberfläche möglichst eben und von der Beschaffenheit sein, daß sie unter allen Umständen die Ebenheit ihrer Oberfläche behält. Daher dürfte eine dicke Metall- oder Steinplatte (besonders von gutem Schieferstein) zu diesem Zwecke besonders zu empfehlen sein; mit Rücksicht auf die Schwierigkeit der Anfertigung und Bearbeitung der ersteren dürfte letztere den Vorzug verdienen. Auf der Sternwarte in Mailand in dem astronomischen Kabinet des Directors sah ich vor mehreren Jahren eine Horizontal-Sonnenuhr, deren Platte aus Schieferstein bestand.

ikl' (Fig. II.) stellt eine Messingsäule vor, deren unteres Ende eine Schraube (ll') bildet, an der sich die Mutter MM' herauf und herunter schrauben läßt. Diese Säule kommt in der Mittagslinie Nc der Sonnenuhr, senkrecht auf der Oberfläche derselben zu stehen. Der mit einem Schraubengewinde versehene Theil, nämlich ll' geht durch die Sonnenuhrplatte, oberhalb des eingetheilten Limbus, worauf dann die Mutter MM' unter der Platte angezogen wird, bis die Säule fest auf der Platte steht.

Der obere Theil der Säule hat ein cylinderförmiges Loch, folgend der Achsenlinie der Säule, in welchem der cylinderförmige Theil r des Einsatzes por geschlossen (fleißig) auf- und abgeht. Der Einsatz r läßt sich in dem Loch der Säule drehen, höher und niedriger schieben und vermittelst der Schraube t feststellen. Der horizontal liegende Kreuzarm sei in der Achsenlinie op durchbohrt, so daß die Oeffnung etwa ½ Linie beträgt.

Zieht man nun durch das Centrum c der Sonnenuhr einen seidenen Faden, der unter der Platte mit einem Knoten versehen wird, führt diesen Faden durch op des so eben beschriebenen Einsatzes auf der Säule und beschwert das Ende des Fadens mit einem Gewicht P; so bildet co den Gnomon*) der Sonnenuhr, der beim Sonnenschein seinen Schatten auf die Sonnenuhr wirft und dadurch die Zeit anzeigt.

Der Gnomon muß so dick sein, daß sein Schatten an den äußersten Gränzen des Limbus noch deutlich gesehen werden kann. Für eine Sonnenuhr, deren Radius nur 3 bis 4 Zoll beträgt, dürfte ein dickes Pferdehaar dick genug sein. Größere Sonnenuhren verlangen einen dickeren Gnomon. Nach der Dicke des Gnomonfadens richtet sich die Größe der Oeffnung des Cen-

*) Gnomon hat hier und in der Folge mit Zeiger gleiche Bedeutung.

trums **c**. Der Gnomonfaden muß die Oeffnung **c**, von wo aus die concentrischen Kreise auf der Sonnenuhr beschrieben und die Winkel construirt sind, genau **ausfüllen**; denn füllt der Faden die Oeffnung **c** nicht ganz aus, so kann schon aus diesem Grunde allein die Sonnenuhr den ganzen Tag nicht richtig zeigen.

Besteht die Sonnenuhrtafel aus einer Steinplatte, so muß die Oeffnung **c** mit Messing oder Neusilber ausgefüttert oder ein Blech von solchem Metall in die Platte eingelassen werden, damit durch das Beschreiben der concentrischen Kreise vermittelst eines Stangenzirkels ꝛc. die Oeffnung **c** keinen Schaden leide. Man mache die Oeffnung **c** eher klein als groß; vermittelst einer Reibahle kann sie nach Bedürfniß leicht erweitert werden. Der Gnomon **oc** muß zur Mittagslinie auf der Oberfläche der Horizontal-Sonnenuhr eine solche Lage haben, daß er mit ihr (der Mittagslinie auf der Sonnenuhr-Oberfläche) einen Winkel bildet, welcher gleich ist dem Winkel der Polhöhe des Ortes, für welchen die Horizontal-Sonnenuhr construirt ist, und muß mit eben dieser Mittagslinie in einer Ebene liegen, die zur Oberfläche der Sonnenuhr vertikal ist.

Diese Lage kann dem Gnomon dadurch gegeben werden, daß der Gnomonführer **opr** in der Messingsäule sich drehen, höher und niedriger schieben, und dann vermittelst der Schraube **t** sich feststellen läßt.

Die Messingsäule mit dem Gnomonführer, welche der Sonnenuhr ein schönes Ansehen gibt, kann übrigens durch jeden andern Apparat ersetzt werden, wenn er nur so eingerichtet ist, daß mit dessen Hülfe dem Gnomon die ihm gebührende Lage, wie sie so eben beschrieben ist, gegeben werden kann.

Fig. III. enthält die Zeichnung eines solchen Apparates. **ADGFEB** sei ein Eisenblech, etwa 1 Linie dick, das Feldchen **JLMK** herausgesägt oder gefeilt, **DGFE** unter rechtem Winkel gebogen, so daß der Flächenwinkel, gebildet durch die Flächen **ADEB** und **DGFE**, 90° beträgt. Dieses Blech **ADGFEB** werde, nachdem es sauber gefeilt ist, mit englischem Kronzinn stark verzinnt, damit es gegen Rost geschützt sei.

DEFG werde in 1, 2 und 3 durchbohrt, und die Löcher werden vermittelst einer Metall-Schneidschraube mit Gewinden versehen. Für diese Gewinde als Muttern werden 3 Messingschrauben gemacht, etwa ½ Zoll lang, die Köpfe nach unten zu konisch geformt, oben flach oder schwach gewölbt. Der Durchmesser dieser Schrauben und Muttern mag 1 Linie betragen.

adeb stellt ein Messingblech vor, ebenso **mrsn**, jedes ¾ Linie dick. Das Blech **adeb** ist in der Mitte durchbohrt und mit einem Schraubengewinde versehen. Das Blech **mrsn** ist ebenfalls in der Mitte durchbohrt, und die Oeffnung so groß gemacht, daß die Schraube selbst frei und ungehindert durchgeht, der Schraubenkopf aber nicht durchgeht. Diese Schraube ist lang genug, wenn sie etwa 3 Linien lang ist. Steckt man diese Schraube durch die Oeffnung des Bleches **mrsn** und führt sie in die Schraubenmutter **adeb**: so ist das Mittel gegeben, die beiden Bleche einander beliebig nahe zu bringen.

schiebt man nun das Eisenblech **ALMB** zwischen die beiden Messingbleche, so können die beiden Messingbleche, so lange die Schraube i nur schwach angezogen ist, nach allen Seiten hin, wie aus der Zeichnung zu ersehen ist, verschoben werden, bis die Oeffnung o, durch welche der Gnomonfaden geht, die erforderliche Lage zur Oberfläche der Sonnenuhr erhalten hat, wie sie oben beschrieben ist.

Der Apparat **ADGFEB** wird so an die Sonnenuhrplatte gebracht, daß **DGFE** unter die Sonnenuhrplatte kommt, **NC** möglichst genau unter der Mittagslinie der Sonnenuhr liegt (Mittagslinie auf der Sonnenuhr ist die Linie c**N** Fig. II.), und **ADEB** möglichst vertikal auf der Oberfläche derselben steht. Der Apparat **ADGFEB** wird vermittelst der Messing-Schrauben 1, 2 und 3 an die Sonnenuhrplatte befestiget. Diese ist in 1, 2 und 3 so durchbohrt, daß die drei Schrauben frei durchgehen, die konisch geformten Schraubenköpfe aber in den versenkten Oeffnungen der Sonnenuhrplatte liegen. Ist die Sonnenuhrplatte von Stein, so lasse man, was sehr zu empfehlen ist, **DGFE** in den Stein ein, weil dadurch der Apparat eine festere Lage zur Sonnenuhrplatte erhält.

Daß der von c aus (Fig. II.) durch o (Fig. III.) gehende Gnomonfaden hinter dem Gnomonführer durch ein hinreichend schweres Gewicht beschwert werden müsse, damit der Gnomonfaden straff und gerade gezogen werde, ist schon oben bemerkt worden.

Die 3 Messing-Stellschrauben D, D′ und D″ (Fig. II.), die liegend gezeichnet sind, müssen in s, s′ und s″ senkrecht durch die Sonnenuhrplatte und die darunter liegenden Muttern von Messing oder Holz gehen. Die Muttern werden durch die Schrauben R und T an die Platte befestiget. Man sorge dafür, daß diese Stellschrauben möglichst senkrecht durch die Sonnenuhrplatte und recht geschlossen in ihren Muttern gehen. Hölzerne Klötzchen von Weißdorn oder wildem Apfelbaum, etwa ½ Zoll dick, können sehr gut als Muttern dienen. Die Klötzchen werden mit einem Bohrer durchbohrt, der eine Oeffnung macht, die kaum so weit ist, als die Stellschraube dick ist. Wird dann mit der Stellschraube selbst das Gewinde hineingeschnitten, so wird sie geschlossen in dieser Mutter gehen. Die Länge der Stellschrauben hängt ab von der Dicke der Sonnenuhrplatte und der Mutter. Es ist gut, wenn die Stellschrauben um 1 Zoll länger sind, als die Sonnenuhr mit der Mutter dick ist. Man gebe den 3 Stellschrauben eine solche Lage, daß sie möglichst ein gleichseitiges Dreieck bilden, also den Schwerpunkt der Sonnenuhr möglichst in ihre Mitte nehmen.

Vermittelst dieser 3 Stellschrauben und einer sogenannten Libelle oder feinen Setzwage kann dann der Sonnenuhr-Oberfläche leicht eine horizontale Lage, und vermittelst einer graduirten Setzwage (siehe unten §. 10. Fig. IV.) eine bestimmte inclinirende Lage gegeben werden.

Wird die Horizontal-Sonnenuhr unter der Polhöhe, für welche sie berechnet und construirt ist, zum Gebrauche aufgestellt: so muß die Oberfläche derselben eine horizontale Lage erhalten. Deßhalb heißt sie Horizontal-Sonnenuhr. Ist z. B. eine Horizontaluhr für Köln, also für die geographische Breite von 50 Gr. 56 M. 32 Sec. angefertigt, und wird diese Uhr auch wirklich in Köln oder an einem andern Orte, der aber mit Köln dieselbe geographische Breite hat, zum Gebrauche aufgestellt: so muß der Oberfläche derselben bei der Aufstellung eine horizontale Lage gegeben werden.

Eine Horizontal-Sonnenuhr, die für eine bestimmte Polhöhe, z. B. für die Polhöhe von Köln construirt ist, läßt sich auch an Orten, deren Polhöhe größer oder kleiner als die von Köln ist, z. B. in Amsterdam und in Karlsruhe gebrauchen; ja sie zeigt, wenn sie mit Rücksicht auf die Polhöhe richtig aufgestellt ist, an allen drei Orten die Sonnenzeit gleich richtig an. Die Lage des Gnomons zur Oberfläche der Sonnenuhr bleibt an allen Stationen dieselbe. Eben so bleibt die Richtung des Gnomons der Sonnenuhr in Beziehung auf den Pol dieselbe, d. h. der Gnomon der Sonnenuhr muß an allen Stationen zum Pol gerichtet, er muß überall parallel zur Erd- oder Weltachse sein. Daraus folgt, daß die ebene Oberfläche der für Köln construirten Horizontaluhr bei ihrer Aufstellung zum Gebrauch in Amsterdam, nach Norden hin über den Horizont ansteigend, dagegen in Karlsruhe unter den Horizont fallend sein muß, so zwar, daß der Gnomon jedes Mal zum Himmelspol gerichtet ist.

Die Polhöhe von	Amsterdam	ist	52°	22′	30″	} 1° 25′ 58″
„ „ „	Köln	ist	50	56	32	
„ „ „	Karlsruhe	ist	49	00	50	) 1 55 42.

Die für Köln construirte Sonnenuhr müßte in der Oberfläche bei ihrer Aufstellung in Amsterdam eine Inclination von 1° 25′ 58″ erhalten, und zwar eine **nordwärts ansteigende**; dagegen müßte dieselbe Uhr in Karlsruhe eine Inclination von 1° 55′ 42″ erhalten, und zwar eine **nordwärts fallende**.

Um dem Gnomon bei der Zusammensetzung die zur Sonnenuhroberfläche ihm gebührende Lage, so wie der ganzen Sonnenuhr, bei der Aufstellung, die ihr gebührende Lage leicht geben zu können, dazu dient der einfache Hülfsapparat Fig. IV., der hier sogleich beschrieben werden soll.

---

§. 10. Hülfs-Apparat zur Zusammensetzung und Aufstellung der Horizontal-Sonnenuhr. Fig. IV.

ABDE stellt eine geebnete Platte von Metall oder Schieferstein vor. **ED** bildet eine gerade Linie. **Qo** ist in der Verlängerung senkrecht zu **ED**. Die Platte ist in Q fein durchbohrt. Zieht man durch die Oeffnung Q ein Menschenhaar und beschwert dieses mit einem Gewicht P, so trifft das Lothfädchen, wenn die Platte **AEDB** senkrecht auf einer horizontalen Ebene steht, den Punkt o. Beträgt der Bogen **os**, eben so der Bogen **os′** 3 Grad, und wird jeder Bogen in ganze und Drittel=Grade getheilt, wie es hier in der Zeichnung geschehen ist, so kann mit Hülfe dieser Setzwage untersucht werden, ob eine Ebene horizontal ist oder nicht. Hat die Ebene nach einer Richtung eine Inclination, die nicht über 3 Grad geht, so kann auch diese Inclination bis auf $^1/_3$ Grad, und wenn die Setzwage groß ist, noch viel genauer bestimmt werden, vorausgesetzt, daß die Graduirung zart und correct ausgeführt ist. Ist die geebnete Platte mit 3 Stellschrauben versehen, so kann man dieselbe vermittelst der Stellschrauben und der Setzwage leicht in horizontale Lage bringen. — Zur Prüfung und Herstellung der horizontalen Lage ist vor Allem die Libelle geeignet. — Soll die geebnete, mit Stellschrauben versehene Platte nach einer Richtung eine Inclination von bestimmter Größe erhalten, so kann ihr diese vermittelst der Stellschrauben und der graduirten Setzwage leicht gegeben werden. Je nach der Größe der zu untersuchenden Inclination, resp. Herstellung derselben ist die Setzwage in einer angemessenen Anzahl von Graden zu graduiren. Für unsern Zweck genügt, wie wir später sehen werden, eine kleine Anzahl von Graden. Die Linien tt' und ll' stehen senkrecht auf ED. Der Abstand der beiden Linien möge stark $^1/_3$ Linie oder 1 Millimètre betragen.

Die Linien aa', mm', nn' bilden mit ED Winkel, welche gleich sind der Polhöhe des Ortes, für welchen die Uhr construirt ist. Ist der Winkel aa'E ein Winkel von 46 Grad 55 Minuten, wie in unserer Zeichnung Fig. IV., so ist aa'E derjenige Winkel, welchen der Gnomon mit der Mittagslinie auf einer für 46 Gr. 55 M. construirten Horizontal=Sonnenuhr bilden muß. Stellt z. B. Fig. II. eine für 46 Gr. 55 M. Polhöhe construirte Sonnenuhr vor, so muß, nachdem die Säule oder der andere Apparat (Fig. III.) als Gnomonführer aufgerichtet ist, der Gnomon co (Fig. II.) mit cN einen Winkel bilden, welcher gleich ist dem Winkel aa'E, d. h. einen Winkel von 46 Gr. 55 M.

Ist der Gnomonführer so eingerichtet, wie oben beschrieben, daß o (Fig. II.), der obere Punkt des Gnomons höher und niedriger, mehr links und rechts gebracht werden kann: so kann mit Hülfe des Apparates Fig. IV. dem Gnomon die ihm gebührende Lage leicht gegeben werden. Ist z. B. die Uhr für 46 Gr. 55 M. Polhöhe angefertigt, der Gnomonführer daran befestiget, der Hülfsapparat (Fig. IV.) so eingerichtet, daß die Linien aa', mm' und nn' genau unter einem Winkel von 46 Gr. 55 M.,*) tt' und ll' genau senkrecht auf ED fallen: so ist das Verfahren, dem Gnomon die rechte Lage zur Sonnenuhr zu geben, folgendes:

I. Man stelle den Apparat (Fig. IV.) so auf die ebene Sonnenuhr=Oberfläche (Fig. II.), daß die Grundlinie des Apparates, nämlich ED hart an cN, der Mittagslinie der Sonnenuhr liegt; dann gebe man dem Gnomonfaden, durch Heben oder Senken des Punktes o, eine solche Lage, daß er mit aa' oder mm' oder nn' parallel läuft.

*) Winkel von bestimmter Größe zu construiren wird im §. 15. gezeigt werden.

II. Dann stelle man den Apparat so auf die Sonnenuhr, daß die Linie **ED** des Apparates hart an der Linie **WO** der Sonnenuhr und die Mittagslinie der Sonnenuhr, **cN** genau mitten zwischen den Punkten **t** und **l** des Apparates ist; dann gebe man dem Gnomonfaden, durch Verlegen des Punktes **o** (Fig. II.) von der Rechten zur Linken oder von der Linken zur Rechten, eine solche Lage, daß er genau mitten zwischen den Punkten **t** und **l** sich befindet.

Die Untersuchung, resp. Rectification der Gnomonlage zur Sonnenuhr wird vermittelst des Apparates so lange fortgesetzt, bis sie den Anforderungen ad I. und II. so genau entspricht, daß wir keinen Fehler in dieser Rücksicht mehr wahrnehmen können. Dann erst wird die Schraube oben am Gnomonführer stark angezogen, und dem Gnomon die ihm gegebene richtige Lage festgestellt.

Man muß bei dem Richten des Gnomons recht vorsichtig und gewissenhaft zu Werke gehen, weil durch die richtige Lage desselben die Richtigkeit der Zeitangaben der Uhr sehr wesentlich bedingt ist. Denn diese Richtigkeit hängt hauptsächlich ab 1) von der richtigen Theilung der Winkel auf der Sonnenuhr mit Rücksicht auf die Polhöhe (von dieser Theilung wird später die Rede sein), 2) von der richtigen Lage des Gnomons zur Uhr und 3) von der richtigen Aufstellung der Uhr.

§. 11. Aufstellung der Horizontaluhr unter einer geographischen Breite, für welche sie gemacht ist.

Die erste Anforderung, die wir an eine Sonnenuhr machen, ist ohne Zweifel die, daß sie uns die Sonnenzeit genau angibt. — Wird sie so construirt, daß sie jede einzelne, wenigstens jede fünfte Minute anzeigt, daß man sie vor einem Fenster aufstellen und vom Zimmer aus die Zeit von ihr ablesen, daß man sie wegnehmen und in einem Augenblick wieder richtig aufstellen und sie auf diese Weise vor den zerstörenden Einflüssen der Witterung schützen kann; so bietet sie uns Vortheile und Bequemlichkeiten, welche uns keine sogenannte Garten-Sonnenuhr bieten kann.

Die Fenstergewände, mögen diese von Holz oder von Stein sein, sind selten so breit, daß eine mäßig große Sonnenuhr (etwa 10 bis 12 Zoll in's Geviert) darauf Platz hätte. In diesem Fall lasse man ein Hufeisen machen, welches 9 bis 10 Zoll breit und ungefähr 11 Zoll lang ist. Die dazu verwendete Eisenstange möge stark ½ Zoll breit und dick sein. Die sogenannten Arme des Hufeisens, die unter rechtem Winkel gebogen sind, werden, wenn das Fenstergewände von Holz ist, vermittelst Holzschrauben an dasselbe angeschraubt, wenn dasselbe von Stein ist, in dasselbe eingelassen und mit Blei befestiget. **NMJKHL** (Fig. V.) stellt ein solches Hufeisen vor. Für ein steinernes Fenstergewände werden die Arme des Hufeisens eingerichtet, wie **MN** in der Zeichnung zeigt; für ein hölzernes Fenstergewände dagegen wie **HL**, wo dann durch die Oeffnungen a, b und c Holzschrauben in das Fenstergewände gehen. Der Bogen des Hufeisens sei in m, m', m'' durchbohrt, durch die Oeffnungen Stifte geschlagen, die mit ihren gerundeten Spitzen 1/4 Zoll über das Hufeisen hervorragen. Das Hufeisen werde so an das Fenstergewände befestiget, daß der Bogen, so viel als möglich, eine horizontale Lage erhält.

Nun lege man auf das Hufeisen eine Schiefersteinplatte, die wenigstens so groß ist als die Sonnenuhr, der sie zur Unterlage dienen soll. Die Steinplatte sei ABDEFG. Da, wo in m, m' und m'' die drei Stifte die Steinplatte berühren, mache man in die Platte drei Vertiefungen, damit der Stein auf dem Hufeisen nicht gedreht und verschoben werden könne.

Damit der Sturm oder ein unvorsichtiger Stoß den Stein von dem Hufeisen nicht herunter werfe, bohre man auf der Drehbank durch denselben in d und d', in e und e', ebenso in f und f' kleine Löcher, durch die man weichgemachten Messingdraht zieht und so den Stein an das Hufeisen bindet.

Hufeisen und Steinplatte sind von unten angesehen in Fig. V. gezeichnet worden, um in Einer Zeichnung beide zugleich dem Auge darstellen zu können.

Jetzt ist unser Apparat zur Aufstellung der Sonnenuhr fertig, und die Aufstellung derselben kann vorgenommen werden.

Zur Aufstellung der Sonnenuhr wähle man einen sonnigen Tag. Man stelle an diesem Tage, wo möglich unmittelbar vor der Aufstellung, eine Secunden-Taschenuhr so, daß sie die Sonnenzeit anzeigt, dadurch daß man zur Bestimmung der Sonnenzeit correspondirende Sonnenhöhen beobachtet, oder die Sonnenzeit von einer bereits gezogenen Mittagslinie hernimmt.

Ist die Horizontal-Sonnenuhr für die Polhöhe des Ortes, wo sie zum Gebrauch aufgestellt werden soll, construirt, so ist die Aufstellung einfach diese:

Man stelle die Sonnenuhr so auf, daß

a) die Oberfläche derselben horizontal ist, und daß
b) die Zeitangaben der Sonnenuhr genau harmoniren mit denen der — in diesem Augenblick Sonnenzeit angebenden — Secunden-Taschenuhr.*)

Damit man die Sonnenuhr wegnehmen und sie in einem Augenblick richtig wieder aufstellen könne, sorge man bei der Aufstellung dafür, daß die konisch zulaufenden Fußspitzen der Stellschrauben in Vertiefungen, welche in die Unterlage ABDEFG (Fig. V.) gemacht werden, zu stehen kommen. Zur leichteren Ausführung mögen folgende praktische Winke dienen.

Sobald man der Sonnenuhr die ungefähr richtige Stellung gegeben hat, merke man sich einen der drei Punkte, welche die Stellschraubenspitzen auf der Unterlage bilden. Diesen Punkt erweitere und vertiefe man vermittelst

*) Ist die Sonnenuhr, wie angenommen wird, richtig construirt und so, wie unter a und b angegeben, aufgestellt: so befindet sich die Mittagslinie der Sonnenuhr in der Mittagslinie des Ortes, und der Gnomonfaden ist parallel zur Erd- oder Weltachse und zeigt in seiner Verlängerung zum astronomischen Pol, von welchem der Polarstern ungefähr 1½ Grad entfernt ist.

eines passenden Reibers (etwa eines Stückchens Stahldraht, ungefähr 3 Zoll lang, kaum 1 Linie dick, am Ende platt geschlagen und lanzetformig gefeilt oder geschliffen) zu einem mäßigen Löchelchen, so daß der Fuß der Stellschraube geschlossen darin stehen kann.

Nun stelle man die Sonnenuhr so auf die Unterlage, wie sie früher stand, so daß die eine Schraube mit ihrem Fuße in dem dafür gemachten Löchelchen zu stehen kommt.

Hierauf wird vermittelst der Stellschrauben und mit Hülfe einer feinen genauen Setzwage oder Libelle der Oberfläche der Sonnenuhr eine horizontale Lage gegeben; zugleich wird dabei die Sonnenuhr so gedreht, daß diese und die Secunden-Taschenuhr in ihren Zeitangaben genau übereinstimmen. Bei dem Drehen der Sonnenuhr, um ihre Zeitangaben mit denen der Secunden-Taschenuhr in Uebereinstimmung zu bringen, ist dafür zu sorgen, daß der Fuß der besprochenen Stellschraube in ihrem Löchelchen bleibe.

Hat die Sonnenuhr nun genau die rechte Lage, wie sie oben unter a und b angegeben ist: so ist nur noch für die Fußspitze einer zweiten Stellschraube ein Löchelchen in die Unterlage zu machen; die dritte Stellschraube findet dann den ihr gebührenden Punkt der Unterlage von selbst.

Um für die zweite Stellschraube das Löchelchen in die Steinplatte zu reiben, verfahre man also:

> man lege die linke Hand mitten auf die Oberfläche der Sonnenuhr, drücke mäßig fest auf; gleichzeitig drehe man mit der rechten Hand die zweite Stellschraube mäßig stark aufdrückend hin und her, bis man überzeugt sein kann, daß die Fußspitze der Stellschraube ein sichtbares Pünktchen (Löchelchen) in der Unterlage gebildet hat.

Dieses Pünktchen, welches man sich gut zu merken hat, wird dann, nachdem die Sonnenuhr von ihrem Standort weggehoben ist, vorsichtig vermittelst des Reibers vertieft und erweitert.

Hierauf stellt man die Sonnenuhr wieder auf ihre Unterlage, so daß die beiden ersten Stellschrauben mit ihren Fußspitzen in ihre Löcher kommen.

Weil die zweite Stellschraube mit ihrem Fußende in eine Vertiefung gekommen ist, so muß die dadurch gestörte Horizontalität der Oberfläche der Sonnenuhr durch Drehen der zweiten Stellschraube wieder hergestellt werden. Ist die Horizontalität wieder hergestellt, so wird die Sonnenuhr, wenn das zweite Löchelchen richtig gerieben ist (d. i. wenn durch das Reiben keine Verlegung des Punktes stattgefunden hat) mit der Secunden-Taschenuhr in den Zeitangaben noch übereinstimmen. Stimmen beide Uhren nicht mehr überein, so muß — vorausgesetzt, daß die S o n n e n u h r richtig construirt, und die Secunden-Taschenuhr gut und genau ausprobirt ist — angenommen werden, daß der zweite Punkt durch das Reiben etwas verlegt worden sei, was dann, auf die Zeit bezogen, wohl nicht viel betragen dürfte. Durch Verlegen eines der beiden Löcher vermittelst des Reibers kann dann diesem Uebel leicht abgeholfen werden, wie sich aus dem Gesagten wohl von selbst ergibt. In dieser Rücksicht bemerke ich nur dieses: stellt man den Reiber in eines der beiden Löcher und legt einen Finger der linken Hand an den Reiber hart an der Steinplatte und gibt dem Reiber, während man ihn mit den Fingern der rechten Hand dreht, einen mäßigen Druck, so verlegt sich natürlich das Löchelchen dahin, wohin der Druck auf den Reiber gerichtet ist. — Man versehe die Sonnenuhr mit einem beweglichen Bügel von Neusilber oder Messing. Dieser Bügel habe unter der Sonnenuhr an der Mutter, durch welche die Stellschraube D″ geht, seine Befestigung und rage etwa einen halben Zoll über die Sonnenuhrplatte hervor. Dieser Bügel dient dazu, daß man die Uhr im Zimmer an die Wand hängen kann, möglichst nahe in der Nähe des Fensters, vor welchem sie aufgestellt wird. Da genirt sie am wenigsten, da ist sie am besten geschützt und kann mehreren Generationen die schönsten Dienste leisten. Hängt eine Tafel mit den Zeitgleichungen des laufenden Jahres bei der Sonnenuhr, so ist die Zeitbestimmung so leicht und bequem gemacht, als es nur gewünscht und gedacht werden kann.

---

§. 12. Aufstellung der Horizontaluhr unter einer geographischen Breite, für welche sie nicht gemacht ist.

Auf jeder Horizontal-Sonnenuhr sollte die geographische Breite bemerkt sein, für welche sie gemacht ist; denn nur unter dieser geographischen Breite gibt dieselbe, in der angegebenen horizontalen Lage aufgestellt (§. 11.) die Zeit richtig an, muß dagegen unter jeder andern Breite von der horizontalen Lage abweichen, wenn ihre Zeitangabe das Jahr hindurch richtig sein soll.

Unter allen Umständen muß nämlich der Gnomon parallel zur Erd- oder Weltachse sein und daher in seiner Verlängerung den astronomischen Pol treffen.

Wenn also eine Horizontal-Sonnenuhr, welche für 52 Grad Polhöhe construirt ist, unter 55 oder 50 Grad Polhöhe aufgestellt und gebraucht werden soll, so wird die Oberfläche derselben bei ihrer Aufstellung unter 55 Grad Polhöhe in genau nördlicher Richtung 3 Grad ansteigend, d. h. 3 Grad über die horizontale Ebene sich erhebend; bei ihrer Aufstellung unter 50 Grad Polhöhe dagegen in genau südlicher Richtung 2 Grad ansteigend sein müssen. Stellt man die graduirte Setzwage (Fig. IV.) auf die Oberfläche der Horizontaluhr hart an cN (Fig. II.), also an die Mittagslinie der Sonnenuhr, so kann vermittelst der Stellschraube D″ der Oberfläche der Uhr in der Richtung von c nach N, oder von N nach c leicht die erforderliche Neigung zur horizontalen Ebene gegeben werden. Aus dem, was oben über die erforderliche Lage des Gnomons gesagt ist, folgt, daß eine gerade Linie, welche in der Oberfläche der Sonnenuhr liegt und zwar genau in der Richtung von Ost nach West, eine horizontale Lage erhalten muß.*)

Ist auf der Oberfläche der Horizontaluhr die Linie WO (West, Ost) so gezogen, daß sie von cN senkrecht durchschnitten wird, und stellt man die Setzwage (besser eine Libelle) hart an WO, so kann vermittelst der Stellschraube D oder D′ der Oberfläche die in dieser Richtung erforderliche Horizontalität leicht gegeben werden.

Die Polhöhe von Danzig beträgt 54 Gr. 21 M. 19 S.
" " " Berlin " 52 Gr. 31 M. 13 S.
" " " Coblenz " 50 Gr. 21 M. 47 S.

A kaufte in Berlin eine mit Stellschrauben versehene Horizontal-Sonnenuhr, welche für die Polhöhe von Berlin angefertiget war. Wie hatte er bei seiner Versetzung nach Danzig diese Uhr daselbst aufzustellen? Wie bei einer zweiten Versetzung in Coblenz?

Danzig liegt 1 Gr. 50 M. 6 S. nördlicher als Berlin und Coblenz liegt 2 Gr. 9 M. 26 S. südlicher als Berlin.

Nun ist das ganze Verfahren bei der Aufstellung der Uhr, sowohl in Danzig als in Coblenz, dasselbe, wie es in §. 11. angegeben ist; nur ist bei der Aufstellung dieser Uhr in Danzig dafür zu sorgen, daß ihre Oberfläche genau in der Richtung von c nach N um 1 Gr. 50 M. (die 6 Sec. kommen hier gar nicht in Betracht) ansteigt, was durch Drehen der Stellschraube D″, während die graduirte Setzwage an Nc steht, leicht bewirkt und auf dem Limbus der Setzwage abgelesen werden kann. Die Linie WO hat immer eine horizontale Lage zu erhalten.

Bei der Aufstellung dieser Uhr in Coblenz müßte die Oberfläche derselben genau in der Richtung von N nach c um 2 Gr. 9 M. (die 26 Sec. kommen hier nicht in Betracht) ansteigen, oder in der Richtung von c nach N um 2 Gr. 9 M. fallen.

§. 13. Aufstellung einer Horizontal-Sonnenuhr auf einer Säule im Garten.

Die Garten-Sonnenuhr muß so eingerichtet werden, daß, wenn der Gnomonfaden durch Nässe ꝛc. schadhaft geworden, er durch einen neuen Faden leicht ersetzt werden kann, ohne die Uhr von der Säule nehmen zu brauchen. In UVZW (Fig. II.) werden, wenn die Sonnenuhrplatte von Stein ist, 2 congruente Messingbleche, deren jedes kaum 1 Linie dick zu sein braucht, eingelassen. Das untere Blech wird durch 2 Schräubchen, die von hinten durch den Stein in das Blech gehen, fest an den Stein gezogen; das obere Blech,

*) Vermittelst eines Modelles, welches die Verbindung einer äquinoctialen und horizontalen Sonnenuhr darstellt, welche einen gemeinsamen Gnomon haben, läßt sich die Wahrheit des Gesagten selbst demjenigen, der nicht Mathematiker ist, leicht klar machen.

durch welches in c ein Löchelchen gebohrt ist, möglichst genau in der Stärke des Gnomonfadens, wird durch die Schräubchen q und q′ an das untere Blech, welches 2 mit Gewinden versehene entsprechende Löchelchen hat, fest geschraubt. Die obere Fläche des oberen Bleches muß mit der Oberfläche der Sonnenuhrplatte in derselben Ebene liegen.

Den Gnomonfaden (am besten eignet sich ein seidener Faden dazu) durch einen Metalldraht ersetzen zu wollen, ist unpraktisch, weil man ihn nicht gerade genug machen und gerade erhalten kann.

Den Gnomon aber von dünnem oder dickem Metallblech zu machen, wie es gewöhnlich geschieht, davor muß ich sehr warnen, wenn die Sonnenuhr richtig gehen soll. Soll es bei der Zeitbestimmung auf wenige Minuten nicht ankommen, so mag man sich zum Gnomon eines Metallbleches bedienen. Dann nehme man aber ein Messingblech, welches 1 bis 2 Linien dick ist, damit der fertige Gnomon nicht verbogen werden kann. In diesem Falle ist dann der dicke Gnomon als aus 2 Gnomonen bestehend anzusehen, und es sind dann aus 2 Centren die Schattenlinien auf der Sonnenuhr zu ziehen. Der Eine Gnomon (die Eine Kante des dicken Gnomons) dient dann zur Zeitbestimmung für die Stunden, die vor 6 Uhr Morgens hergehen, so wie für die Stunden von Mittag bis 6 Uhr Abends; der andere für die hier nicht genannten Stunden, was wohl zu beachten ist.

Die Gründe, warum ein Gnomon von Metallblech, selbst wenn er richtig gearbeitet, und die Sonnenuhrtafel richtig getheilt ist, dennoch die Zeit nicht richtig zeigen kann, sind hauptsächlich diese: Bei dem metallenen Gnomon ist nicht die Mitte der Sonne, wie beim Gnomonfaden, sondern nur der obere Rand der Sonne maßgebend auf der Sonnenuhr; daher der Halbschatten, der schlecht markirt ist, und wodurch ein scharfes Ablesen auf der Sonnenuhr unmöglich gemacht wird. Ein zweiter Uebelstand ist der, daß bei diesem Gnomon Vormittags der eine Sonnenrand, dagegen Nachmittags der andere Sonnenrand, für die Zeitangaben auf der Sonnenuhr maßgebend ist, und daß die Culmination der Sonne (d. i. die Zeit, die verfließt von dem Augenblick, wo die Sonnenscheibe in den Meridian tritt, bis zu dem Augenblick, wo sie den Meridian verläßt) das ganze Jahr hindurch nicht von gleicher Dauer ist; im Durchschnitt beträgt sie $2^1/_4$ Minute.

Die Gartensonnenuhr erhält keine Stellschrauben. Sie wird vor der Aufstellung auf die Oberfläche der Säule geschraubt, und dann wird ihr durch Drehen und Neigen der Säule eine solche Stellung gegeben, wie in §. 11. resp. §. 12. angegeben ist.

Ist die Säule von Stein, so ist, wenn der Boden nicht fest genug ist, vorher ein Fundament zu legen.

Ist die Säule von Holz, so muß der Säulenkopf durch einen Metallbeschlag vor Springen gesichert werden. Nagelt man an das Fußende der

Säule 2 Latten, jede von etwa $1^1/_2$ Fuß Länge, so behält die Säule die Stellung besser, die man ihr bei der Aufstellung gibt.

Ist nun die Säule in das ausgeworfene Loch hinabgelassen, so lege man einen Strick lose um dieselbe, schiebe zwischen diesen und die Säule einen starken Stab und drehe diesen so lange herum, bis der Strick die Säule fest umschließt. Mit diesem Stabe als Hebel kann durch Drehen und Neigen der Säule der Sonnenuhr leicht die oben angegebene Lage gegeben werden. Bei dem Ausfüllen des Loches gehe man nur allmählig vor und prüfe wiederholt die Stellung der Sonnenuhr nach §. 11. resp. §. 12.

Erst nach der Feststellung der Säule die Sonnenuhr an dieselbe zu schrauben, so daß die Sonnenuhr genau die rechte Lage erhält, dürfte schwer auszuführen sein.

Es ist nicht rathsam, bei der Aufstellung einer Sonnenuhr sich des Compasses zu bedienen, weil die Abweichung der Magnetnadel nicht immer, ja nicht einmal einen Tag hindurch dieselbe ist. Um die Abweichung der Magnetnadel von der Mittagslinie zu wissen, muß man bereits eine Mittagslinie gezogen haben. Hat man aber eine Mittagslinie gezogen, so kann nach dieser eine Taschenuhr so gestellt werden, daß sie die Sonnenzeit angibt. Wäre Eisen oder Stahl an der Säule, so wäre wegen der Attraction dieser Metalle bei der Aufstellung der Sonnenuhr vom Compaß gar kein Gebrauch zu machen.

---

§. 14. Der geometrische oder 1000theilige Maßstab; seine Construction.

Auf der Horizontal-Sonnenuhr sind die Winkel, gebildet durch die Schattenlinien, für gleiche Zeiträume nicht gleich groß; sie sind vielmehr, wie man sowohl bei einem Blick auf die Zeichnung der Horizontal-Sonnenuhr (Fig. II.), als besonders auf die Tafeln der Winkelgrößen sogleich bemerken wird, von sehr verschiedener Größe. Am genauesten lassen sich Winkel von bestimmter Größe construiren vermittelst einer Kreistheilungs-Maschine oder eines hinreichend großen Transporteurs, der so eingerichtet ist, daß Bogenminuten und noch Bruchtheile von Bogenminuten darauf abgelesen werden können. Letzteren findet man vorzugsweise bei den Geometern und Markscheidern, erstere bei Mechanikern. Indessen lassen sich ohne die genannten theueren Instrumente zu besitzen, Winkel von bestimmter Größe noch auf eine andere Art construiren. Zwei Instrumente a) ein sogenannter Haarzirkel, an welchem der eine Schenkel vermittelst einer sogenannten Mikrometerschraube auf Haaresdicke vor- oder zurück geschraubt werden kann, ohne das Kopfgewinde des Zirkels in Bewegung zu setzen, b) ein richtiger 1000theiliger Maßstab sind in Verbindung mit einer Sehnen- oder Tangenten-Tafel genügend, Winkel von bestimmter Größe zu zeichnen. In einem vollständigen Reißzeug findet sich beides, Haarzirkel und 1000theiliger Maßstab; die Tangententafel findet sich in unserm Werkchen.

Einrichtung des 1000theiligen Maßstabes.

CDOB (Fig. VI.) sei ein Rechteck; also CD parallel und gleich mit BO, und CB parallel und gleich mit DO; alle 4 Winkel BCD, CDO, DOB und OBC rechte.

CD sowie BO seien in 10 gleiche Theile getheilt; eben so seien CB und DO in 10 gleiche Theile getheilt.

Verbindet man durch gerade Linien a''' mit b, c''' mit d, e''' mit f u. s. w.; verbindet man ferner E mit O, F' mit F, G' mit G u. s. w.; so bildet CDOB zunächst einen 10- und dann auch einen 100theiligen Maßstab, auf welchem man einen oder beliebig viele der 100 gleichen Theile, in welche BO getheilt gedacht werden kann, abgreifen kann, ja leichter und sicherer abgreifen kann, als man dieses auf der Linie BO könnte, falls diese in 100 gleiche Theile getheilt worden wäre, weil die vielen einander so nahe liegenden Theilstriche das Ablesen, namentlich dem weniger scharfen Auge schwierig, wo nicht unmöglich machen würden.

Wäre BO 1 Zoll lang, und man wollte 1/10 Zoll abgreifen, so hätte man OF zwischen die Fußspitzen des Zirkels zu fassen. Eben so wäre

OG = 0.2″
OH = 0.3″
OJ = 0.4″ u. s. w.

Ferner wäre ab = 0.01″
cd = 0.02″
ef = 0.03″
gh = 0.04″ u. s. w.

Folglich wäre a'b = 0.1″ + 0.01 = 0.11″
c'd = 0.12″
e'f = 0.13″
g'h = 0.14″ u. s. w.

Ferner wäre LO = 0.6″
a″b = 0.6″ + 0.01″ = 0.61″
c″d = 0.62″
e″f = 0.63″
g″h = 0.64″ u. s. w.

Achtet man auf die unten stehenden Zahlen, durch welche die Zehntel, und auf die seitwärts stehenden Zahlen, durch welche die Hundertel von BO ausgedrückt sind, so ist es leicht, die verlangten Zehntel und Hundertel auf dem Maßstab abzugreifen.

Derjenige, dessen Augenmaß etwas geübt ist, kann diesen Maßstab BCDO, der, wie wir gesehen, zunächst ein 10- und dann auch ein 100theiliger ist, auch als einen 1000theiligen gebrauchen.

Man darf nur zwischen BO und a'''b, eben so zwischen a'''b und c'''d u. s. w. 9 gerade Linien in gleichen Abständen von einander und parallel zu BO gezogen denken, wodurch jeder der 10 über einander liegenden Zwischenräume in 10 kleine Räumchen getheilt würde. Sollten z. B. auf dem Maßstab CDOB 0.392 von BO abgegriffen werden, so hätte man uu′ zu nehmen, für 0.396 von BO hätte man vv′ zu nehmen. Diese letztgenannten Horizontal-Parallelen dürfen auf dem Maßstab nicht gezogen werden; dadurch würde nur eine Ueberladung und für das Auge eine Verwirrung entstehen; sie dürfen nur gedacht werden. Die Tausendtel werden in diesem Fall nur durch Schätzung (taxando) vom Maßstab, der nur für Zehntel und Hundertel getheilt ist, entnommen.

Fig. VI. enthält nicht den ganzen 1000theiligen Maßstab, sondern nur den 10ten Theil desselben. Fig. VII. dagegen stellt den vollständigen Maßstab dar. ABCD ist ein Rechteck, DC in 10 gleiche Theile getheilt, so daß DE = EF = FG = GH ꝛc. ist; E′E, F′F, G′G, H′H ꝛc. parallel zu AD gezogen, dann AD in 10 gleiche Theile getheilt, so daß Da = ab = bc ꝛc. ist, dann aa′, bb′, cc′ ꝛc. parallel zu DC gezogen.

Die Theilung von AE′ED ist wie oben bei Fig. VI. Die Länge der Linie DC, so wie deren Theile DE, EF, FG u. s. w. hängt von der Anwendung ab, die man von dem Maßstab machen will. Ist DC einen halben Fuß rheinl. Maß lang, eine Länge, die mit einem mäßig großen Zirkel abgegriffen werden kann, so ist der Maßstab für unsern Zweck lang genug.

Da AE′ED schon als 1000theiliger Maßstab gebraucht werden kann, wie oben nachgewiesen ist; so kann ABCD als ein 10000theiliger Maßstab gebraucht werden. Es könnte also auf einem Maßstab von der Größe dieser Zeichnung, wenn er correct und fein gearbeitet wäre, der 10000ste Theil eines halben, oder der 20000ste Theil eines ganzen rheinl. Fußes abgegriffen werden. Wird der Maßstab aus Neusilber oder Messing angefertigt, so ziehe man die langen horizontalen Linien aa′, bb′, cc′ u. s. w., ebenso die Transversalen im Rechteck AE′ED recht zart; dagegen ist es gut, daß die Linien FF′, GG′, HH′ u. s. w. ziemlich tief aber nicht breit gezogen werden. Dadurch wird das Ausgleiten des Zirkelfußes aus den Furchen FF′ und GG′ u. s. w. verhütet und die Arbeit sehr erleichtert.

---

§. 15. Winkel von bestimmter Größe zu zeichnen. Tangententafeln.

NJOC (Fig. VIII.) sei ein Quadrat. Mit CN als Radius sei der Bogen NHO beschrieben. Verbindet man C mit J durch eine gerade Linie, so hat man 2 rechtwinklige Dreiecke, nämlich NCJ und OCJ. In dem Dreieck NCJ wird die Linie JN, welche senkrecht zu CN ist, die Tangente des Winkels NCJ genannt.

Ebenso ist in dem Dreieck OCJ die Linie JO, welche senkrecht zu CO ist, die Tangente des Winkels OCJ.

Von den beiden Winkeln NCJ und JCO, welche zusammen einen rechten Winkel oder 90 Grad ausmachen, ist der eine Winkel der Ergänzungswinkel des andern (der eine ergänzt den andern zu 90 Grad).

Von den beiden Winkeln, die sich zu 90 Grad ergänzen, wird der eine der Hauptwinkel, der andere dessen Ergänzungswinkel genannt.

Nimmt man den Winkel NCJ als Hauptwinkel an, so ist der Winkel OCJ dessen Erzänzungswinkel. JN, die Tangente des Hauptwinkels NCJ, ist die Cotangente des Ergänzungswinkels OCJ.

Demnach ist die Tangente von	1 Gr. =	der Cotangente von	89 Gr.
„ „ „ „ „	2 Gr. =	„ „ „	88 Gr.
„ „ „ „ „	3 Gr. =	„ „ „	87 Gr. u. s. w.
„ „ „ „ „	45 Gr. =	„ „ „	45 Gr.
„ „ „ „ „	46 Gr. =	„ „ „	44 Gr.
„ „ „ „ „	71 Gr. =	„ „ „	19 Gr. u. s. w.

Wir nehmen an, der Radius CN sei = 1 oder sei gleich der Länge des ganzen 1000theiligen Maßstabes, wo also der ganze 1000theilige Maßstab als Einheit angenommen wird.

Nehmen wir nun in der Tangente JN die Punkte B, D und E an und verbinden diese mit C: so entstehen an C die Winkel NCB, NCD und NCE. Je weiter nun B von N liegt, desto größer ist der Winkel NCB; ebenso ist es mit D und E und mit allen Punkten, die in NJ gedacht werden können.

Umgekehrt, je größer der Winkel NCB ist, desto größer ist auch die Tangente. Ein kleiner Winkel an C hat auch eine kleine Tangente, und ein großer Winkel an C hat auch eine große Tangente.

Hieraus folgt aber nicht, daß das Zunehmen und Abnehmen eines Winkels mit dem Zunehmen und Abnehmen der Tangente, und umgekehrt, in demselben Verhältniß stehe. Wäre der Winkel NCD doppelt so groß als der Winkel NCB, und wäre der Winkel NCE 3 Mal so groß als der Winkel NCB: so wäre die Tangente ND mehr als 2 Mal so groß wie NB, und die Tangente NE wäre weit mehr als 3 Mal so groß als NB.

Gleichwohl läßt sich doch für einen Winkel von bestimmter Größe die Länge der entsprechenden Tangente berechnen. Man hat wirklich für alle Winkel von 0 Grad bis 90 Grad von Minute zu Minute — ja von 10 zu 10 Sec., zum Theil von Secunde zu Secunde die Länge der Tangente berechnet und die Resultate in sogenannten „Tangenten-Tafeln“ geordnet. Der Radius des Kreises wurde bei dieser Rechnung = 1 gesetzt.

Nach diesen Tafeln — siehe „II. Tafel. Länge der Tangente“ in unserem Werkchen — ist die Tangente

für einen Winkel	11 Gr. 53 M.	= 0.2104
„ „ „	24 Gr. 23 M.	= 0.4533
„ „ „	38 Gr. 9 M.	= 0.7855.

Angenommen, der Winkel NCB (Fig. VIII.) betrage 11 Gr. 53 M., so enthält die Tangente NB 0.2104 des Radius CN, der bei der Berechnung der Tangente überall = 1 gesetzt ist.

Ist der Winkel NCD = 24 Gr. 23 M., so ist die Tangente ND = 0.4533.
" " " NCE = 38 Gr. 9 M., " " " " NE = 0.7855.

Um in der Tafel „Länge der Tangente" für einen gegebenen Winkel die wirkliche Länge der Tangente finden zu können, hat man nur sich zu merken, daß in der obersten horizontalen Zeile die Grade, in der ersten vertikal abwärts gehenden Columne, die mit „M." überschrieben ist, die Minuten der Winkel, die weniger als 45 Grad haben, angegeben sind; daß dagegen für Winkel, die mehr als 45 Grad haben, in der untersten horizontalen Zeile die Grade, in der letzten vertikal aufwärts gehenden Columne die Minuten angegeben sind, und zwar nicht für die Tangente, sondern für die Cotangente, weil dieses für unsern Zweck besser ist.

Hat man nun für einen Winkel von 11 Gr. 53 M. die Länge der Tangente in der Tafel aufzusuchen, so gehe man in der obersten horizontalen Zeile vor, bis man daselbst 11 Grad findet. Dann gehe man in der ersten vertikalen Columne abwärts, bis man 53 M. findet. Diese Zeile verfolge man horizontal rechts, bis man in die Columne kommt, die mit „11 Gr." überschrieben ist; daselbst findet man die Zahl 0.2104. Diese Zahl 0.2104 ist die Länge der Tangente für einen Winkel von 11 Gr. 53 M.

Ganz auf dieselbe Weise wird die Länge der Tangente eines jeden Winkels unter 45 Gr. bestimmt. Soll nun, — worauf es für unsern Zweck eigentlich ankommt — ein Winkel von bestimmter Größe, z. B. von 11 Gr. 53 M. gezeichnet werden, so mache man CN genau so lang, als der ganze 1000theilige Maßstab ist, also = DC (Fig. VII.); errichte auf CN, und zwar auf dem Endpunkte N durch eine mathematische Construction oder mit Hülfe eines genauen rechten Winkels die Senkrechte NX. Dann suche man in der Tangententafel für 11 Gr. 53 M., wie oben gezeigt ist, die entsprechende Tangente, welche durch die Zahl 0.2104 ausgedrückt ist. Darauf nehme man 0.2104, d. i. $\frac{2}{10} + \frac{1}{100} + \frac{0}{1000} + \frac{4}{10000}$ des Maßstabes zwischen die Fußspitzen des Zirkels. Stellt man nun die Spitze des einen Zirkelfußes in N, die des andern in die Tangente NX, und ist B dieser Punkt: so ist, wenn man B mit C durch eine gerade Linie verbindet, der Winkel NCB ein Winkel von 11 Gr. 53 M.

Ganz auf dieselbe Weise, wie hier in diesem Beispiel gezeigt ist, kann jeder Winkel unter 45 Gr., dessen Größe in Graden und Minuten angegeben ist, gezeichnet werden. Soll der Winkel NCD 24 Gr. 23 M. betragen, so muß ND 0.4533 des Radius CN enthalten, und soll NCE 38 Gr. 9 M. betragen, so muß CE 0.7855 des Radius oder 1000theiligen Maßstabes enthalten u. s. w.

Sollen Winkel gezeichnet werden, die über 45 Gr. gehen; soll z. B. NCF ein Winkel von 53 Gr. 41 M. werden, so suche man in der Tangenten-Tafel und zwar in der untersten horizontalen Zeile 53 Gr. und in der letzten vertikalen Columne 41 M. auf. Verfolgt man diese Zeile bis in die mit „53 Gr.“ überschriebene Columne, so findet man daselbst die Zahl 0.7350.

Weil aber die Zahl 0.7350 nicht die Länge der Tangente, sondern der Cotangente des Winkels ist: so sind die 0.7350 des Maßstabes nicht auf der Tangente NX, sondern auf der Cotangente Oy von O aus abzuschneiden, nämlich OF. Ebenso muß, wenn der Winkel NCG 71 Gr. 10 M. betragen soll, OG = 0.3411 des 1000theiligen Maßstabes gemacht werden.

Ist die Größe des Winkels, der gezeichnet werden soll, nicht bloß nach Graden und Minuten, sondern nach Graden, Minuten und Bruchtheilen von Minuten angegeben, so müssen auch diese Bruchtheile möglichst berücksichtiget werden, wenn der gezeichnete Winkel die durch Rechnung bis auf Bruchtheile einer Bogenminute bestimmte Größe enthalten soll. In unsern Tafeln der Winkelgrößen für die Horizontal-Sonnenuhr (III. Tafel) sind die Winkelgrößen bis auf $^1/_{100}$ einer Bogenminute angegeben. Die Hundertel einer Bogenminute können nur bei der Theilung vermittelst einer großen genauen Kreis-Theilungs-Maschine berücksichtiget werden. Die Zehntel einer Bogenminute dagegen lassen sich bei der Theilung, welche mit einem feinen Haarzirkel, unter Benutzung eines fein und correct, etwa 6 Zoll langen 1000theiligen Maßstabes und unserer Tangententafel ausgeführt wird, oft noch recht gut berücksichtigen. Soll z. B. für einen Winkel von 43 Gr. 15.73 M. die Tangente bestimmt werden, so suche man in der Tafel für 43 Gr. 15 M. die Tangente, welche ist 0.9407; für 43 Gr. 16 M. gibt die Tafel die Tangente 0.9413. Wenn also der Winkel um 1 Minute wächst, wächst die Tangente in der vierten Stelle um 6; wächst nun der Winkel um 0.01 Minute, so wächst die Tangente in der vierten Stelle um 0.06; folglich, wenn der Winkel, wie in unserem Beispiel, um 0.73 M. mehr als 43 Gr. 15 M. hat, so muß die Tangente in der vierten Stelle um 73 × 0.06 = 4.38 mehr als 0.9407 haben.

Daher ist die Tangente für 43 Gr. 15.73 M. = 0.9411. Es ist nicht nothwendig, wie es in diesem Beispiele geschehen ist, auch die Hundertel einer Bogenminute zu berücksichtigen. Ist der Bruchtheil der Minuten in der 2ten Decimalstelle unter 5, so vernachläßige man einfach die 2te Decimalstelle; ist sie aber 5 oder über 5, so vernachläßige man sie auch, erhöhe aber die erste Decimalstelle um 1. Hat man z. B. für 29 Gr. 36.43 M. die Tangente zu suchen, so suche man die Tangente für 29 Gr. 36.4 M., sie ist 0.5683. Hat man aber für 40 Gr. 6.78 M. die Tangente zu suchen, so suche man sie für 40 Gr. 6.8 M.; sie ist 0.8425.*)

*) Derjenige, dem es nicht darauf ankommt, ob die Winkel, die er zeichnen will, ½ Minute zu groß oder zu klein werden, d. i. für unsern Zweck, ob die Zeitangaben auf der Sonnenuhr 2 bis 3 Sec. zu groß oder zu klein werden, — zumal die Strahlen-

Soll an C, den Endpunkt der Linie NC (Fig. VIII.) ein Winkel von 53 Gr. 41.37 M. gelegt werden, so bediene man sich, weil der Winkel mehr als 45 Gr. halten soll, der Cotangente.

Die Cotangente eines Winkels von 53 Gr. 41 M. ist = 0.7350.
" " " " " 53 Gr. 42 M. ist = 0.7346.

Hieraus ergibt sich, daß in diesem Fall, wo der Winkel um 1 Minute größer wird, die Cotangente in der 4ten Stelle um 4 kleiner wird. Daher ist die Cotangente für einen Winkel von 53 Gr. 41.37 M. = 0.7349. Folglich mußte in diesem Fall OF 0.7349 des 1000theiligen Maßstabes enthalten.

Bei einer aufmerksamen Ansicht der Fig. VIII. und der Tafel II. bemerkt man, daß, wenn der Winkel größer wird, die Cotangente kleiner wird.

---

§. 16. Einrichtung und Gebrauch der Tafel III. Winkelgrößen auf der Horizontal-Sonnenuhr.

Diese Tafeln geben die Winkelgrößen auf der Horizontal-Sonnenuhr für den ganzen Erdgürtel, der zwischen dem 44ten und 55ten Breitengrade liegt, mit Rücksicht auf die geographische Breite oder Polhöhe, von Sechstel zu Sechstel Grad, mit Rücksicht auf die Zeit der Sonnenuhr von 5 zu 5 Minuten. In den beiden ersten vertikalen Columnen, die mit „Vormittag, Nachmittag St. M.“ (Stunde, Minute) überschrieben sind, sind die Zeiten der Sonnenuhr, in den 6 folgenden vertikalen Columnen dagegen sind die Winkelgrößen auf der Horizontal-Sonnenuhr für die überschriebene Polhöhe angegeben, und zwar in Graden, Minuten und Decimaltheilen von Minuten. Die letzte vertikale Columne, die mit „M. D. 1′“ (d. h. Mittlere Differenz für 1 Minute) überschrieben ist, gibt an, um wie viel die horizontal links stehende Winkelgröße für die Zeitangaben von 6 Uhr Morgens bis 6 Uhr Abends zu vermehren ist, wenn die Polhöhe des Ortes, für welchen die Sonnenuhr gemacht werden soll, um 1 Minute größer ist, als diejenige, welche in der Tafel sich findet; für die Zeit zwischen 4 und 6 Uhr Morgens, und eben so zwischen 6 und 8 Uhr Abends ist, unter derselben Bedingung, statt der Vermehrung eine Verminderung vorzunehmen.

Sollte für die Polhöhe von 45 Gr. 7 M. eine Horizontaluhr construirt werden, also für eine Polhöhe, die um 2 Minuten größer, als diejenige, für welche die Columne „p = 45° 5′“ in unsern Tafeln die Winkelgrößen liefert:

brechung größere Fehler verursacht, — der kann die in den Winkelgrößen mitangegebenen Bruchtheile von Bogenminuten ganz vernachläßigen. Nur unterlasse man es nicht, die Minutenzahl um 1 zu vermehren, wenn der vernachläßigte Minutenbruch größer als 0.5 ist. Durch solches Verfahren wird die Arbeit sehr abgekürzt; die Fehler, die dadurch begangen werden, sind, wie wir hörten, sehr klein.

so müßte jede in der Columne „p = 45° 5'" angegebene Winkelgröße um das Doppelte des seitwärts in Columne „M. D. 1'" stehenden Minutenbruches vermehrt, resp. vermindert werden. Auf diese Weise können für jede zwischenliegende Polhöhe, für welche eine Horizontaluhr construirt werden soll, die Winkelgrößen leicht berechnet werden, wenn man es nicht vorzieht, nach einer in diesen Tafeln vorfindlichen Polhöhe die Sonnenuhr zu construiren und ihr dann bei der Aufstellung eine Inclination zu geben, welche gleich ist der Differenz der Polhöhen der Orte, für welchen sie construirt ist, und an welchem sie aufgestellt wird, — siehe §. 12. — wodurch die Arbeit abgekürzt wird.

Auf allen Tafeln sind die Winkelgrößen für die Tageszeiten von Mittag bis 8 Uhr Abends, oder was dasselbe ist, von Mittag bis Morgens 4 Uhr angegeben, lediglich der Conformität wegen, obschon in den südlichern Gegenden die Sonne nicht so lange, in den nördlichen dagegen länger am Himmel ist.

Die Tafeln sind so eingerichtet, daß für die Zeit von Mittag bis 4 Uhr Nachmittags, resp. 8 Uhr Morgens die Winkelgrößen der Sonnenuhr jedes Mal auf der linken Seite sich finden; daß die Winkelgrößen dagegen für die Zeit von 4 bis 8 Uhr Nachmittags, resp. von 8 bis 4 Uhr Morgens auf der rechten Seite sich finden, so daß die rechte Seite eine Fortsetzung der linken Seite ist.

Winkelgrößen auf der Horizontaluhr für vor- und nachmittägige, gleichweit vom Mittag entfernte Zeiten, z. B. für

11 Uhr Vor- und 1 Uhr Nachmittags,
10 Uhr Vor- und 2 Uhr Nachmittags u. s. w.

sind immer gleich groß. Es sind demnach alle Winkelgrößen auf der linken Seite der Sonnenuhr, einzeln genommen, gleich denen auf der rechten Seite der Sonnenuhr einzeln genommen.

Von Mittag ausgehend gegen Abend hin beschreibt der Schatten des Zeigers auf der Oberfläche der Horizontaluhr in gleichen Zeittheilen nicht gleiche, sondern ungleiche größer werdende Bögen. Dieses Wachsen der Bögen hört bei 6 Uhr auf. Von 6 Uhr an tritt der umgekehrte Fall ein; von da an beschreibt der Schatten des Zeigers in gleichen Zeittheilen immer kleinere Bögen. Der Bogen, welcher in der Zeit von 5 bis 6 Uhr Abends vom Zeigerschatten auf der Uhr beschrieben wird, ist gleich dem Bogen, welcher in der Zeit von 6 bis 7 Uhr Abends beschrieben wird.

Daher ist in Fig. VIII., welche die Theilung einer für 51 Gr. 45 M. Polhöhe construirten, nur volle Stunden angebenden Sonnenuhr darstellen soll,

Bogen Nb = Nb'
Nd = Nd'
Ne = Ne'
Nf = Nf''
Ng = Ng''
No = Nw
Ng' = Ng'''
Nf' = Nf'''.

Ebenso ist $Og = Og'$
und $of = of'$.

Hieraus sieht man, daß die Tafeln ihren Zweck erfüllen würden, wenn sie die Winkelgrößen nur für die Zeit von 12 Uhr Mittags bis 6 Uhr Abends lieferten. Zur größeren Bequemlichkeit für die Mechaniker, welche eine Kreistheilungs-Maschine besitzen, sind die Winkelgrößen für 2 Stunden Zeit über 6 Uhr hinaus in die Tafeln aufgenommen.

Demjenigen, welcher vermittelst der Tangententafeln auf der Sonnenuhr die Winkel unter 45 Gr. von N aus, dagegen die Winkel über 45 Gr. von O resp. von W aus (vermittelst der Cotangente) construirt, dem genügen die in den Tafeln für die Zeit von Mittag bis 6 Uhr Abends resp. Morgens angegebenen Winkelgrößen vollkommen.

Anwendung des bisher Gesagten.

Man zeichne auf eine ebene Platte die Winkel für die vollen Stunden einer Horizontal-Sonnenuhr für 51° 45′ Polhöhe, und zwar mit Hülfe der „Tafel der Winkelgrößen auf der Horizontaluhr" und der Tangententafel, sowie des 1000theiligen Maßstabes und des Zirkels. Wie hat man zu verfahren?

Antwort. Zuvörderst beschreibe man von C aus als Centrum mit CO als Radius (Fig. VIII.), welcher gleich ist dem 1000theiligen Maßstab, den Kreisbogen PWNOQ. Dann verlängere man OC bis in W. Von C aus ziehe man CN senkrecht zu WO. Durch N lege man die Tangente XX′ (also senkrecht zu CN), durch W die Tangente y′v und durch O die Tangente yz.

Statt dieser Construction kann man, wenn man lieber will, der folgenden sich bedienen.

Man mache das Rechteck WSJOW so, daß WS gleich ist dem 1000theiligen Maßstab, also = 1, SJ doppelt so groß als SW, also = 2; dann verbinde man C, den Mittelpunkt der Linie WO mit N, dem Mittelpunkt der Linie SJ, durch welche Linie CN das genannte Rechteck in die 2 deckenden Quadrate CNJO und CNSW getheilt wird. Dann verlängere man SW über W hinaus bis in V, und JO über O hinaus bis in Z. — Nachdem dieses geschehen, werden die Schattenlinien auf der Horizontal-Sonnenuhr auf folgende Weise gezeichnet.

Weil die Horizontaluhr für die Polhöhe von 51 Gr. 45 M. construirt werden soll, so suche man in Tafel III. die Columne, welche mit „p = 51 Gr. 45 M." überschrieben ist. Geht man in dieser Columne senkrecht herunter, bis man an die Zeile kommt, die „11 Uhr 0 M. 1 Uhr 0 M." anfängt, so findet man daselbst 11 Gr 53 M.*); d. h. der Winkel, welcher von der Mittagslinie und dem Schatten des Gnomons um 11 Uhr Vor- oder 1 Uhr Nachmittags auf dieser Horizontal-Sonnenuhr gebildet wird, beträgt 11 Gr. 53 M.

*) Die Bruchtheile von Bogenminuten sind hier der Erleichterung wegen unberücksichtigt geblieben.

Für 11 Gr. 53 M. sucht man in der Tafel II. die Tangentenlänge, welche ist 0.2104. Die Tangentenlänge für 11 Gr. 53 M. findet man so, daß man in Tafel II. die Columne 11 Gr. aufschlägt, dann in der ersten mit „M." überschriebenen vertikalen Columne abwärts geht, bis man an 53 kommt; verfolgt man nun die Zeile, die mit 53 anfängt, bis sie mit der Columne, die mit „11 Gr." überschrieben ist, zusammentrifft: so findet man daselbst die dem Winkel von 11 Gr. 53 M. entsprechende Tangentenlänge, nämlich 0.2104.

Mit einem feinen Haarzirkel greift man nun vom 1000theiligen Maßstab 0.2104 seiner Länge. Mit dieser Zirkelweite (Distanz der Zirkelfüße) beschreibt man von N aus einen Bogen, welcher die Tangente SJ in B und B' schneidet. Verbindet man die Punkte B und B' durch gerade Linien mit C: so sind die Winkel für 11 Uhr Vor= und 1 Uhr Nachmittags, d. i. die Schattenlagen des Gnomons auf unserer Horizontal=Sonnenuhr für diese Momente gezeichnet.

Ganz auf dieselbe Weise geht es mit der Zeichnung der Schattenwinkel für 10 Uhr Vor= und 2 Uhr Nachmittags. Nach Tafel III. „p = 51 Gr. 45 M." ist für 10 Uhr Vor= und 2 Uhr Nachmittags der Winkel = 24 Gr. 23 M. Dafür ist nach Tafel II. die Länge der Tangente 0.4533. Mit 0.4533 des Maßstabes wird von N aus ein Bogen beschrieben, der die Tangente SJ in den Punkten D und D' schneidet. Werden die Punkte D und D' mit C verbunden, so sind die Winkel für 10 Uhr Vor= und 2 Uhr Nachmittags gezeichnet.

Mit der Zeichnung für 9 Uhr Vor= und 3 Uhr Nachmittags geht es durchaus auf dieselbe Weise. Wenn aber Winkel gezeichnet werden sollen, die mehr als 45 Gr. haben, wie es hier bei dem Schattenwinkel für 8 Uhr Vor= und 4 Uhr Nachmittags der Fall ist, so nimmt man, wie schon früher in §. 15. bemerkt ist, für den in Tafel III. angegebenen Schattenwinkel nicht die Länge der T a n g e n t e, sondern die der C o t a n g e n t e.

Für 8 Uhr Vor= und 4 Uhr Nachmittags ist nach Tafel III. der Schattenwinkel unserer Sonnenuhr 53 Gr. 41 M., wofür in Tafel II. die Cotangente zu suchen ist.

Für die Cotangente findet man die vollen Grade unter den vertikalen Columnen geschrieben; die zu den vollen Graden noch gehörenden Minuten findet man in der letzten vertikalen Columne, welche mit „M." (d. i. Minuten) unterschrieben ist, angegeben. Die Zählung der Minuten geht a u f w ä r t s. Da, wo die wagerechte Zeile, welche mit der Anzahl der gegebenen Minuten (in unserem Beispiel mit 41) contrasignirt ist, mit der vertikalen Columne, welche mit der Anzahl der gegebenen Grade (in unserem Beispiel mit 53) unterschrieben ist, zusammentrifft, findet sich die gesuchte Länge der Cotangente, in unserem Beispiel 0.7350.

Diese Länge wird mit dem Zirkel vom Maßstab abgegriffen, darauf werden mit dieser Distanz der Zirkelfüße von O aus 2 Bögen gemacht, welche die Cotangente yz in F und F′ durchschneiden; eben so werden mit derselben Distanz der Zirkelfüße von W aus 2 Bögen beschrieben, welche die Cotangente y′v in F″ und F‴ schneiden. Werden nun F, F′, F″ und F‴ mit C durch gerade Linien verbunden, so sind für 4 und 8 Uhr Vor- und für 4 und 8 Uhr Nachmittags die Schattenwinkel auf unserer Sonnenuhr gezeichnet.

Ganz auf dieselbe Weise verfährt man, um die Schattenwinkel für 5 und 7 Uhr Vor- und für 5 und 7 Uhr Nachmittags zu zeichnen. Nach Tafel III. ist der Schattenwinkel auf unserer Sonnenuhr für 7 Uhr Vor- und für 5 Uhr Nachmittags = 71 Gr. 10 M. Die Cotangente für 71 Gr. 10 M. ist nach Tafel II. = 0.3411. Werden 0.3411 vermittelst des Zirkels vom Maßstab entnommen, und dann mit dieser Distanz der Zirkelfüße von O aus Bögen beschrieben, welche die Cotangente yz in den Punkten G und G′ durchschneiden, und werden ebenso mit demselben Radius von W aus 2 Bögen beschrieben, welche die Cotangente in G″ und G‴ schneiden, und werden dann die 4 Punkte G, G′, G″ und G‴ mit C durch gerade Linien verbunden: so sind die Schattenwinkel für 5 und 7 Uhr Vor- und für 5 und 7 Uhr Nachmittags auf unserer Sonnenuhr gezeichnet.

Eine Sonnenuhr, welche bloß die vollen Stunden zeigt, hat für den Gebrauch viel Unbequemes; zeigt sie uns auch die halben und Viertel-Stunden, ja jede 5te Minute, so ist sie für uns ein wahrhaft bequemes Mittel der Zeitbestimmung.

Deßhalb ist die Tafel III. so eingerichtet, daß sie für jede 5te Minute die Winkelgröße angibt.

Die Winkelzeichnung für eine Horizontaluhr, die jede 5te Minute zeigt, unterscheidet sich durchaus nicht von der Winkelzeichnung einer Uhr, die bloß volle Stunden zeigt. Zwar erfordert die Sonnenuhr, die jede 5te Minute zeigen soll, viele Theilstriche und deßhalb etwas mehr Mühe in der Anfertigung; allein, diese Mühe wird uns später bei ihrer dankbaren Dienstleistung gewiß nicht gereuen.

Bei der Zeichnung der Schattenwinkel der Horizontaluhr für 51 Gr. 45 M. Polhöhe haben wir, um uns die Sache etwas leichter zu machen, die in der Tafel III. den Graden und Minuten noch beigefügten Bruchtheile von Minuten weggelassen, dagegen die vorhandenen Minuten selbst um 1 Minute vermehrt, wenn die Bruchtheile mehr als eine halbe Minute ausmachten. So z. B. setzten wir für 11 Uhr Vor- und 1 Uhr Nachmittags statt des Winkels 11 Gr. 52.99 M. den Winkel 11 Gr. 53 M.; für 10 Uhr Vor- und 2 Uhr Nachmittags setzten wir, statt des Winkels 24 Gr. 23.38 M. den Winkel 24 Gr. 23 M. u. s. w.

Verfährt man allgemein auf diese Weise, so geschieht es in Folge dieses Verfahrens, daß die Winkel mitunter beinahe um eine halbe Minute zu klein oder zu groß werden. Diese halbe Minute Bogenmaß, um welche einige Winkel zu groß oder zu klein gezeichnet werden, macht im Durchschnitt einen Zeitunterschied von 2 Zeitsecunden, die bei einer Sonnenuhr nicht in Betracht kommen, zumal die Strahlenbrechung, die bei der Sonnenuhr nicht berücksichtiget werden kann, von größerem nachtheiligen Einfluß ist, besonders in den frühen Morgen- und späten Abendstunden.

Will man gleichwohl die Bruchtheile der Bogenminuten noch mehr berücksichtigen, so muß man sich eine kleine Rechnung gefallen lassen. In unserem obigen Beispiel war für 10 oder 2 Uhr der Winkel auf der Uhr genau 24 Gr. 23.38 M. Tafel II. gibt für 24 Gr. 23 M. die Tangente 0.4533; ferner gibt die Tafel II. für 24 Gr. 24 M. die Tangente 0.4536. Wenn daher in diesem Fall der Winkel um 1 Minute wächst, so wächst die Tangente in der 4ten Stelle um 3. Daher ist nun die Frage, wie viel die Tangente wächst, wenn der Winkel um 0.38 Minuten wächst? Antwort: 1.14.

$$1 : 3 = 0.38 : x$$
$$x = 0.38 \times 3 = 1.14.$$

Daher ist für den Winkel von 24 Gr. 23.38 M. die Tangente = 0.4534.

---

§. 17. Berechnung der Winkelgrößen auf einer Horizontal-Sonnenuhr für eine Polhöhe, welche zwischen zwei Polhöhen ist, für welche die Tafel III. die Winkelgrößen enthält.

Mit Hülfe einer zuverläßigen Specialkarte läßt sich aus der Zeichnung der Parallelkreise und aus den Zahlen, die sich rechts und links auf derselben finden, die geographische Breite des Ortes, für welche die Sonnenuhr angefertigt werden soll, leicht bis auf 1 Minute, ja bis auf einen Bruchtheil einer Minute bestimmen.

Ergäbe sich nun, daß die Polhöhe des Ortes, wo die Sonnenuhr gebraucht werden soll, 51 Gr. 17 M. betrüge, so wäre es das Einfachste, die Sonnenuhr für 51 Gr. 15 M. Polhöhe, wofür unsere Tafel die Winkelgrößen liefert, zu construiren, und ihr dann bei der Aufstellung vermittelst der graduirten Setzwage, so genau als möglich, 2 Minuten Inclination zu geben (siehe §. 12).

Soll die Sonnenuhr für 51 Gr. 17 M. Polhöhe construirt werden, und folglich bei ihrer Aufstellung die Oberfläche derselben eine horizontale (nicht eine geneigte) Lage einnehmen: so ist mit allen Winkelgrößen, bis zu 90 Gr., die sich in der mit „p = 51 Gr. 15 M." überschriebenen Columne befinden, eine kleine Vergrößerung vorzunehmen.

Zu diesem Zweck findet sich auf jeder Seite der Tafel III. eine Columne, die überschrieben ist mit „M. D. 1'" (d. i. Mittlere Differenz für 1 Minute Polhöhe-Aenderung).

Sollen die Winkel einer Sonnenuhr berechnet werden für eine Polhöhe, die um 1 Minute größer als eine Polhöhe ist, für welche in unserer Tafel die Winkelgrößen berechnet sind, z. B. für 51 Gr. 16 M., so werden die einfachen Minuten-Bruchtheile aus der Columne „M. D. 1′“ addirt zu der in derselben Zeile stehenden Winkelgröße der mit „p = 51 Gr. 15 M.“ überschriebenen Columne; sollen dagegen die Winkel einer Sonnenuhr für 51 Gr. 17 M. berechnet werden, so addirt man das Zweifache jedes der Minuten-Bruchtheile aus der Columne „M. D. 1′“ zu der wagerecht links stehenden Winkelgröße der Columne „p = 51 Gr. 15 M.“ u. s. w. Sollen z. B. für 51 Gr. 16 M. Polhöhe die Winkelgrößen von 5 zu 5 Minuten Zeit bestimmt werden, so ist das Verfahren folgendes:

0 Gr. 58.50 M. aus „p = 51° 15′“
\+ „ 0.014 M. aus „M. D. 1′“
0 Gr. 58.514 M. ist der Winkel auf der Uhr für 5 Minuten über Mittag oder für 11 Uhr 55 M. Vormittags bei 51 Gr. 16 M. Polhöhe.

1 Gr. 57.01 M. aus „p = 51° 15′“
\+ „ 0.028 M. aus „M. D. 1′“
1 Gr. 57.038 M. Winkel auf der Uhr für 10 Minuten über Mittag oder für 11 Uhr 50 M. Vormittags bei 51 Gr. 16 M. Polhöhe u. s. w.

Man bestimme die Winkel für die vollen Stunden auf einer Sonnenuhr für 51 Gr. 18 M. Polhöhe.

Für 51 Gr. 15 M. sind die Winkel in der Tafel angegeben;
für 51 Gr. 18 M. sollen die Winkel bestimmt werden.

Weil letztere Polhöhe um 3 M. größer ist, so sind die unter 51 Gr. 15 M. angeführten Winkelgrößen um das Dreifache der unter „M. D. 1′“ angeführten Minuten-Bruchtheile zu vergrößern. Also:

11 Gr. 48.19 M. für 1 Uhr, aus „p = 51° 15′“
Für 1 Uhr ist „M. D. 1′“ = 0.160 M.
folglich für 3 M. = 3 × 0.160 M. = 0.48 M.
11 Gr. 48.67 M. Winkel für 1 Uhr, wenn die Polhöhe = 51 Gr. 18 M. ist.

24 Gr. 14.43 M. für 2 Uhr, aus „p = 51° 15′“
für 2 Uhr ist „M. D. 1′“ = 0.298 M.
folglich für 3 M. = 3 × 0.298 M. = 0.894 M.
24 Gr. 15.324 M. Winkel für 2 Uhr, wenn die Polhöhe = 51 Gr. 18 M. ist, u. s. w.

Aus diesen Beispielen sieht man, daß bei der Einrichtung, welche den Tafeln gegeben ist, für eine beliebige Polhöhe, welche die Grenzen dieser Tafel nicht überschreitet, die Winkel auf der Sonnenuhr leicht bestimmt werden können.

Demjenigen, welcher mit einer Theilungs-Maschine oder einem großen fein graduirten Transporteur versehen ist, genügt die Tafel III. allein. Wer aber diese Instrumente nicht zur Hand hat und mit Hülfe des 1000theiligen Maßstabes, des Zirkels und der Tangententafeln die Theilung vornehmen will, der schreibe zuvor die Schattenwinkel auf ein Blatt Papier, damit er bei der Zeichnung nicht genöthigt ist, gleichzeitig die III. und II. Tafel in Anspruch zu nehmen, was sehr störend sein würde.

---

§. 18. Anfertigung einer Horizontal-Sonnenuhr, welche jede einzelne Minute zeigt.

Fig. IX. stellt die eingetheilte Oberfläche einer solchen für Berlin (52 Gr. 31 M. Polhöhe) construirten Uhr vor. Man sieht aus dieser Zeichnung, daß das Winkelmaß für die einzelnen Minuten nicht durch Radien gezeichnet ist, wie dieses für jede 5te Minute geschehen ist. Jede einzelne Minute durch Radien zu zeichnen, wäre sehr mühsam bei der Anfertigung, und unpraktisch bei dem Gebrauch. In den Mittagsstunden, wo die Winkel viel kleiner sind, als um 6 Uhr Morgens und Abends, würden die Theilstriche einander so nahe kommen, daß dadurch das Ablesen sehr erschwert, wenn nicht unmöglich gemacht würde. Bedient man sich aber zur Darstellung der einzelnen Minuten der concentrischen Kreise ee′e″e‴, dd′d″d‴, bb′b″b‴, aa′a″a‴ und der Transversal-Linien DB, EF, A′B′ u. s. w., wie es hier geschehen: so geben die Punkte, in welchen die Transversalen und concentrischen Kreise sich durchschneiden, die Zeit für die einzelnen Minuten an, und zwar auf eine Weise, daß das Ablesen selbst schwachen Augen nicht schwer werden dürfte.

Man sieht aus der Zeichnung, wie die Transversalen gezogen sind. Bei der Theilung des Kreisbogens BB′B″B‴ von 5 zu 5 Minuten wurde der Kreisbogen AA′A″A‴ zugleich mit getheilt, oder vielmehr bei der Theilung des Kreisbogens AA′A″A‴ wurde der Bogen BB′B″B‴ zugleich getheilt. Dann wurde D mit B, E mit F, A′ mit B′ u. s. w. durch gerade Linien mit einander verbunden, so daß der Schatten des Zeigers den Punkt B um 5 Minuten früher trifft als den Punkt D, und den Punkt F um 5 Minuten früher als den Punkt E, und den Punkt B′ um 5 Minuten früher als den Punkt A′ u. s. w.

Nun ist die Frage, wie, d. h. in welchen Distanzen von einander die concentrischen Bögen durch die Transversalen gezogen werden müssen, damit die Durchschnittspunkte z. B. e′, d′, b′, a′ die einzelnen Minuten möglichst genau angeben.

Die Abstände der concentrischen Kreisbögen von einander sind nicht gleich groß; je weiter nämlich die concentrischen Kreisbögen von ihrem gemeinsamen Centrum C sich entfernen, desto größer sind ihre Abstände von einander.

Die Größe der Radien, womit die concentrischen Bögen beschrieben werden, hängt ab

a) von der Größe des Radius CB,

b) von dem Abstand des Bogens BB′B″B‴ von dem Bogen AA′A″A‴ und

c) von der Größe des Centri-Winkels.

Denkt man sich die Punkte A′, a′, b′, d′, e′ und B′ mit dem Mittelpunkte C durch gerade Linien verbunden, und werden A′C und B′C, sowie der Winkel A′CB′ als bekannt angenommen, so läßt sich, wie den Freunden der Mathematik bekannt ist, die Größe des Winkels B′A′C berechnen. Ist der Winkel B′A′C berechnet, so lassen die Winkel B′a′C, B′b′C, B′d′C, B′e′C sich leicht bestimmen, vorausgesetzt, daß die Winkel B′Ce′, e′Cd′, d′Cb′, b′Ca′ und a′CA′ gleich groß sind, wie hier angenommen werden kann, weil die Drehung des Zeiger-Schattens in der kurzen Zeit von 5 Minuten als eine gleichförmige anzusehen ist. — Für gleich große Zeitintervalle sind die Winkel der Schattenlinien auf der Horizontal-Sonnenuhr, wie schon wiederholt bemerkt, und wie es aus den Zeichnungen und Tafeln der Winkelgrößen ersichtlich ist, je nach der Polhöhe mehr oder weniger verschieden. — Auf eine Stunde kommen durchschnittlich 15 Grad, folglich auf 5 Minuten Zeit oder auf $^1/_{12}$ Stunde kommen $^{15}/_{12}$ Grad = 1 Grad und 15 Bogenminuten. — Legt man nun bei Bestimmung der Länge der Radien e′C, d′C, b′C und a′C einen Centri-Winkel (B′CA′) von 1 Grad und 15 Minuten zu Grunde, so erhält man Resultate, die der Wahrheit so nahe kommen, daß die Fehler, die in Folge der Verschiedenheit der Winkelgrößen für gleich große Zeiten begangen werden, für die Praxis nicht mehr zu beachten sind.

Diejenigen, die nicht Freunde der Mathematik sind oder nicht gern rechnen, können bei der Bestimmung der Größe der Radien, womit die concentrischen Bögen beschrieben werden müssen, von den hier folgenden Täfelchen Gebrauch machen.

Nimmt man das Verhältniß von AB zu AC wie 1 zu 10 an, so ist die Lage der Transversalen und concentrischen Bögen, resp. der Abstand der letzteren von einander graphisch dargestellt in Fig. IX. zu sehen. Nimmt man das Verhältniß von AB zu AC wie 1 zu 9 an, so werden die Abstände von einander offenbar größer; noch mehr ist dieses der Fall, wenn man das Verhältniß von AB zu AC wie 1 zu 8 oder gar wie 1 zu 7 annimmt. Mit Rücksicht auf die Richtigkeit der Uhr macht es keinen Unterschied, welches von diesen 4 Verhältnissen in Anwendung gebracht wird. Betrachtet man die graphische Darstellung der Transversalen und concentrischen Bögen als Geschmackssache, so mag jeder das ihm zusagende Verhältniß auswählen.

Nimmt man I. das Verhältniß von AB zu AC wie **1** zu **7** an und setzt AC = 1, so ist:

CA = 1.0000
Ca = 0.9677
Cb = 0.9374
Cd = 0.9090

Ce = 0.8823
CB = 0.8571.

Nimmt man II. das Verhältniß von AB zu AC wie **1** zu **8** an und setzt AC = 1, so ist:

CA = 1.0000
Ca = 0.9722
Cb = 0.9459
Cd = 0.9210
Ce = 0.8974
CB = 0.8750.

Nimmt man III. das Verhältniß von AB zu AC wie **1** zu **9** an und setzt AC = 1, so ist:

CA = 1.0000
Ca = 0.9756
Cb = 0.9523
Cd = 0.9302
Ce = 0.9091
CB = 0.8889.

Nimmt man IV. das Verhältniß von AB zu AC wie **1** zu **10** an und setzt AC = 1, so ist:

CA = 1.0000
Ca = 0.9782
Cb = 0.9574
Cd = 0.9374
Ce = 0.9183
CB = 0.9000.

Es ist nicht nöthig, daß der 1000theilige Maßstab so eingerichtet werde, daß DC (Fig. VII.) gleich ist dem Radius CA (Fig. IX.), womit der Kreisbogen AA′A″A‴ beschrieben wird. Entspricht CA in Fig. IX. nicht der Länge von DC in Fig. VII., wird CA in Fig. IX. länger oder kürzer als DC in Fig. VII. angenommen: so ist nur eine kleine Rechnung vorzunehmen.

Nimmt man z. B. CA in Fig. IX., mit Rücksicht auf die Größe der zur Sonnenuhr bestimmten Platte, nicht gleich DC sondern gleich DM in Fig. VII. an, so ist mit den in den vorstehenden vier Täfelchen angegebenen Radienlängen eine entsprechende Verkleinerung vorzunehmen. In diesem Falle ist jede Radiengröße mit $\frac{800}{1000} = 0.8$ zu multipliciren; daher würde das Täfelchen I. in diesem Falle übergehen in

CA = 1.0000 × 0.8 = 0.8000
Ca = 0.9677 × 0.8 = 0.7742
Cb = 0.9374 × 0.8 = 0.7499
Cd = 0.9090 × 0.8 = 0.7272
Ce = 0.8823 × 0.8 = 0.7058
CB = 0.8571 × 0.8 = 0.6857.

Unter derselben Bedingung ist mit jedem der drei übrigen Täfelchen auf diese Weise zu verfahren.

Ist dagegen CA auf der Sonnenuhr größer als DC auf dem 1000theiligen Maßstab, enthält z. B. CA auf der Sonnenuhr nicht 1000, sondern 1200 Theilchen des Maßstabes, so ist mit den in den vier Täfelchen angegebenen Radien-Längen eine entsprechende Vergrößerung vorzunehmen; in diesem Falle wäre jede Radien-Länge mit $\frac{1200}{1000} = 1.2$ zu multipliciren.

Würde auf der Sonnenuhr das Verhältniß von AB zu AC wie 1 zu 10 genommen wie im IV. Täfelchen geschehen, und AC = 1.2 des 1000theiligen Maßstabes gesetzt: so wären die Längen der Radien für die concentrischen Kreisbögen, wie folgt:

$$CA = 1.0000 \times 1.2 = 1.2000$$
$$Ca = 0.9782 \times 1.2 = 1.1738$$
$$Cb = 0.9574 \times 1.2 = 1.1489$$
$$Cd = 0.9374 \times 1.2 = 1.1249$$
$$Ce = 0.9183 \times 1.2 = 1.1020$$
$$CB = 0.9000 \times 1.2 = 1.0800.$$

Aus dem Gesagten ergibt sich, daß man bei der Construction der Sonnenuhr, sie mag groß oder klein werden sollen, zur Darstellung der einzelnen Minuten durch Transversalen und concentrische Kreisbögen, eines 1000theiligen Maßstabes von schwacher oder starker Verjüngung sich bedienen kann, und daß die dabei vorkommende kleine Rechnung in einer einfachen Multiplication besteht.

Bei der Theilung des Centri-Winkels in 5 gleiche Theile, d. i. auf Zeit bezogen, in 5 Minuten Zeit, wurde ein Centri-Winkel von 1 Grad und 15 Minuten zum Grunde gelegt, weil der Zeigerschatten während einer Zeit von 5 Minuten — in den Mittagsstunden weniger, dagegen in den Morgenstunden bis über 7 Uhr hinaus, ebenso in den gleichweit vom Mittag entfernten Nachmittagsstunden, je nach der Polhöhe mehr als 1 Gr. 15 M. zurücklegt — im Durchschnitt während einer Zeit von 5 M. einen Bogen von 1 Gr. 15 M. beschreibt. Weil nun die Winkel für 5 M. Zeit auf der Horizontal-Sonnenuhr von verschiedener Größe sind, so ist die Anwendung der Transversalen und concentrischen Bögen zur graphischen Darstellung der Winkel für die einzelnen Zeitminuten für die Dauer des ganzen Tages, mathematisch strenge genommen, unrichtig. Allein die Fehler, die dadurch begangen werden, sind so klein, daß sie für die Praxis — für die graphische Darstellung — als durchaus nicht existirend angesehen werden können. Nehmen wir statt des Centri-Winkels von 1 Gr. 15 M. einen Centri-Winkel an, der um 25 M. größer oder kleiner ist, also einen Winkel von 1 Gr. 40 M. oder einen Centri-Winkel von nur 50 M. und setzen wir das Verhältniß von AB zu AC, wie 1 zu 10, wie es oben in dem Täfelchen IV. geschehen ist: so liefert die Rechnung Resultate — Größen für die Länge der Radien, womit die concentrischen Bögen durch die Transversalen beschrieben werden — die selbst in der 4ten Decimalstelle nah mit den Resultaten in dem obigen IV. Täfelchen harmoniren. Nun hängt aber, unter übrigens gleichen Umständen, von der Länge der Radien die Lage der Durchschnittspunkte in den Transversalen, d. i. die Größe der Centri-Winkel für die einzelnen Minuten selbst ab.

§. 19. Nachtrag und Rückblick.

Zur Sonnenuhr-Tafel nehme man eine Metall- oder Steinplatte. Die Oberfläche, welche in der Art, wie früher gezeigt ist, mit Rücksicht auf eine bestimmte Polhöhe eingetheilt wird, muß zuvor möglichst eben gemacht sein. Ist die Oberfläche der Sonnenuhr uneben, so kann die Uhr, trotz der correctesten Eintheilung die Zeit nicht genau zeigen.

Nimmt man eine Metallplatte, so muß diese auf einer Metall-Drehbank eben abgedreht und geschliffen werden. Durch Hobeln, Feilen und Hämmern kann der Platte die verlangte Ebenheit nicht gegeben werden. Außerdem muß die Platte so dick sein, daß sie durch die Eintheilung und Gravirung der Zahlen die Ebenheit nicht verliert.

Ein feiner Schieferstein hat den Vortheil, daß er sich leicht ebenen und überhaupt leicht bearbeiten läßt, und durch die Theilung und Eingravirung der Zahlen die Ebenheit nicht verliert. Einem geschickten Tischler dürfte es wohl gelingen, einen solchen Stein zuzubereiten und die Eine Fläche durch Hobeln und Schaben eben zu machen. Uebrigens ist die Herstellung einer ebenen Fläche, wenn sie auch nur 1 Fuß in's Geviert hat, nicht so leicht, als Mancher vielleicht denkt. Besitzt man eine sogenannte Aufreibeplatte von Stein, am besten von Gußeisen, die eine vollkommen ebene Fläche hat,*) so hat das Ebenen des Schiefersteins durchaus keine Schwierigkeit.

Man bestreiche die Aufreibeplatte mit einem röthlichen Farbestoffe und reibe die zu ebenende Fläche des Schiefersteines auf der gefärbten Aufreibeplatte zart hin und her, damit die hervorragenden Punkte des Steines gefärbt werden; diese gefärbten Punkte werden dann mit einem Schaber (Beil, Messer 2c.) weggeschabt. Beim zweiten Aufreiben werden schon mehrere Punkte gefärbt erscheinen, die dann wieder weggeschabt werden. Auf diese Weise fortgefahren wird man in wenigen Stunden dem Steine eine ebene Fläche gegeben haben. Hierauf wird die geebnete Fläche mit einem Stück feinen Bimstein naß abgerieben, wodurch sie Einen Ton erhält.

Nun ist der Stein für die Zeichnung und Theilung vorbereitet. Jetzt zieht man, nachdem CN (Fig. IX.) als Mittagslinie gezogen ist, die gerade Linie WO, senkrecht zu CN, NW sowie NO = CN, GW und G'O parallel

*) Eine solche Aufreibeplatte von Gußeisen, etwa 15 Zoll in's Geviert und $^{3}/_{4}$ Zoll dick, in der Oberfläche eine vollkommene Ebene bildend, sollte keinem Mechaniker und Dilettanten mechanischer Arbeiten fehlen. Eine solche ebene Platte oder Scheibe ist für wenige Thaler aus einer guten Maschinen-Fabrik zu beziehen. Bei der Anfertigung gerader Metall-Lineale, rechter Winkel 2c. leistet sie die schönsten Dienste.

zu CN. Diese Linien werden zart gezogen, damit sie nach der Theilung und Gravirung der Uhr leicht weggeschliffen werden können. Dann werden die Tangenten NW und NO, und die Cotangenten GW und G'O (WG hinreichend über G und OG' über G' hinaus verlängert) mit Rücksicht auf die Polhöhe des Ortes eingetheilt, wie dieses in den §§. 15., 16. und 17. gezeigt ist. Die Theilungspunkte in den Tangenten und Cotangenten bestimmen in Verbindung mit dem Punkte C als Centrum die Lage der Schattenlinien für jede 5te Minute auf der Uhr. Wie zur Darstellung jeder einzelnen Minute die Transversalen und concentrischen Kreisbögen gezogen werden müssen, ist aus der Zeichnung hier zu ersehen und oben näher angegeben worden. Zum Ziehen der geraden Linien bedarf man eines geraden metallenen Lineals und einer Art Reißfeder. Das Lineal möge etwa 1 Fuß lang, ½ Linie dick und 1 Zoll breit und die Kanten abgeflacht sein. Unter Reißfeder verstehen wir hier ein Instrumentchen, welches die Gestalt einer Federmesser-Klinge hat und in einem Heftchen steckt. Weil diese Reißfeder nicht zum Schneiden, sondern zum Ritzen dient, so muß der Theil, der an der Federmesser-Klinge schneidend ist, an dieser Reißfeder stumpf (flach) sein, und nach dem Rücken zu dünner werden, übrigens spitz auslaufen. Einem alten Federmesser ist durch Schleifen die hier bezeichnete Form bald gegeben. Die Linien auf der Sonnenuhr mögen mäßig tief, aber nicht breit gezogen werden, wodurch die Genauigkeit leiden dürfte.

Zum Ziehen der concentrischen Kreisbögen bedarf man eines Stangenzirkels, der mit einer Schraube versehen ist, um die Zirkelfüße näher und weiter zu stellen. Der eine Zirkelfuß, der in C zu stehen kommt, sei stumpfkonisch geformt, der andere bilde eine Reißfeder in der Art, wie die oben zum Ziehen gerader Linien beschriebene.

Zum Eingraviren der Zahlen und der Polhöhe kann man sich der oben beschriebenen Reißfeder oder geeigneter Grabstichel bedienen.

Damit man in mäßiger Entfernung, z. B. vom Zimmer aus durch die Fensterscheiben von der Sonnenuhr, die vor dem Fenster ausgestellt ist, die Zeit leicht ablesen könne, gebe man den Linien und Zahlen auf der Uhr eine Farbe, die mit der Farbe der Sonnenuhrtafel contrastirt. Dieses geht sehr leicht. Ist die Sonnenuhrtafel von Schieferstein, so bestreiche man die ganze Tafel mit einer Farbe, bestehend aus einer Mischung von Lein- und Terpentin-Oel und Zinkweiß. Nachdem die Farbe trocken geworden, schleife man die Tafel vermittelst eines mit Oel angefeuchteten Kreidestückes vorsichtig ab. Dann tritt die Eintheilung mit den Zahlen und der Inschrift deutlich, aus mäßiger Entfernung noch gut lesbar hervor.

Macht man die Sonnenuhrtafel aus Holz, so nehme man dazu altes Holz, welches sich nicht wirft. Leimt man 2 dünne Holztafeln so aufeinander, daß der Holzfaden der einen Tafel mit dem Holzfaden der andern Tafel rechtwinklig sich durchschneidet, so wird die Tafel die Ebenheit der Oberfläche besser behalten. Darauf wird die Tafel mit starkem weißem Papier beklebt, eingetheilt u. s. w. und endlich mit durchsichtigem Firniß bestrichen.

Ueber die Zusammensetzung der Uhr (Stellschrauben, Gnomon-Führer und Gnomon-Lage) und ihre Aufstellung ist in den §§. 9., 10., 11. und 12. nähere Anweisung gegeben worden.

Ist der Gnomon einer Horizontal-Sonnenuhr verloren gegangen, und nur die eingetheilte Sonnenuhrplatte noch vorhänden, welche Neigung zur Sonnenuhr-Oberfläche ist dem neu anzufertigenden Gnomon zu geben?

War die Sonnenuhr, wie hier angenommen wird, von einem Sachverständigen verfertiget, so war sie für eine bestimmte Polhöhe construirt. Hat der Verfertiger die Vorsicht nicht gehabt, auf der Sonnenuhr-Tafel die Polhöhe anzugeben, für welche er die Uhr construirte, so muß aus der Theilung, d. i. aus der Größe der Schattenwinkel die Polhöhe ermittelt werden, für welche sie construirt ist. Die Polhöhe, welche der Theilung zum Grunde liegt, kann in folgender Weise ermittelt werden.

Angenommen, Fig. II. wäre die eingetheilte Sonnenuhr, an welcher der Gnomon fehlt.

Man zeichne den Winkel N′ch″ ab, d. h. den Winkel, welcher von der Mittagslinie auf der Sonnenuhr und vom Gnomonschatten im Moment von 3 Uhr 20 Minuten Nachmittags gebildet wird.

Nun beschreibe man mit der Länge eines 1000theiligen Maßstabes den Bogen N′h″. Auf N′, dem Endpunkte von cN′ errichte man eine Senkrechte. Die Linie ch″ verlängere man, bis sie die Senkrechte in O′ schneidet. Nun nehme man die Linie N′O′, welche Tangente ist, zwischen die Fußspitzen des Zirkels.

Auf dem 1000theiligen Maßstab diese Zirkelweite abgreifend bestimme man die Distanz in Theilen des Maßstabes.

Angenommen N′O′, als Tangente des Winkels N′cO′ enthielte 0.8703 des 1000theiligen Maßstabes. Sucht man nun in der Tangententafel die Tangentenlänge 0.8703 auf, so findet man, daß der Winkel N′cO′ 41 Gr. 2 M. beträgt.

Nun nehme man die „Tafel III. Winkelgrößen für die Horizontal-Sonnenuhr“ zur Hand und suche unter den für 3 Uhr 20 Minuten angegebenen Winkelgrößen, von den kleineren Polhöhen zu den größeren Polhöhen vorgehend, den Winkel 41 Gr. 2 M. auf. Man findet für 3 Uhr 20 M. bei 46 Gr. 55 M. Polhöhe die Winkelgröße 41 Gr. 2.2 M. angegeben.

Nun ist diese Horizontaluhr für 46 Gr. 55 M. Polhöhe construirt, und der Gnomon muß so eingerichtet werden, daß er mit der Mittagslinie auf der Sonnenuhr einen Winkel von 46 Gr. 55 M. bildet.

Das hier Gesagte ergibt sich zwar aus dem früher Gesagten von selbst; allein, ich glaubte diesen möglichen Fall im Interesse der Mechaniker und Liebhaber der Gnomonik besonders herausheben zu müssen.

§. 20. Die vertikale Sonnenuhr.

Nach der Lage der Sonnenuhrtafel erhält die Sonnenuhr selbst ihre Benennung. Sie heißt eine äquatoriale, wenn ihre Oberfläche parallel zur Aequatorebene ist; dieselbe heißt auch eine äquinoctiale, weil die Oberfläche dieser Uhr nach allen Seiten hin bis zum Himmelsgewölbe ausgedehnt gedacht durch die beiden sogenannten Aequinoctien (2 Punkte im Himmels-Aequator, die 180 Grad von einander entfernt sind) gehen würde; die Uhr heißt eine vertikale, wenn ihre Oberfläche senkrecht auf horizontaler Ebene steht. Daher heißen die Sonnenuhren, welche wir an Kirchen- und Häuser-Mauern construirt sehen, vertikale Sonnenuhren.

Je nachdem die Mauer mehr oder weniger gegen Ost, Süd oder West gerichtet ist, heißt die angebrachte Uhr eine Morgen-, Mittag- oder Abend-Sonnenuhr; die an der Nordseite angebrachte Uhr, die aber nur in den Morgen- und Abendstunden, und zwar nur im Sommer von der Sonne beschienen die Zeit anzeigt, heißt eine Mitternachts-Sonnenuhr.

Schwerer als die Construction der Aequinoctial- und Horizontal-Uhren ist die der Vertikal-Uhren. Es dürfte äußerst selten vorkommen, daß die Mauer, an der eine Sonnenuhr construirt werden soll, genau gegen Ost, Süd oder West 2c. gerichtet, vollkommen eben und vertikal ist. Darin, so wie in andern Schwierigkeiten, welche mit der Construction solcher Sonnenuhren verbunden sind, dürfte der Grund liegen, daß man selten eine richtig zeigende Vertikal-Sonnenuhr antrifft. Eine der Hauptschwierigkeiten dürfte die sein, der Zeigerstange die rechte Lage zu geben, so daß sie, nachdem sie befestiget ist, genau parallel zur Erd- oder Weltachse ist. Ist die Zeigerstange nicht gerade und hat sie nicht ganz genau die so eben angegebene Lage, so kann sie nicht alle Tage das Jahr hindurch die Zeit richtig zeigen. Ist die Uhr z. B. am 2. September, wo die Sonne 8 Grad nördlicher Declination hat, construirt, so wird die Uhr, wenn die Zeigerstange die rechte Lage nicht hat, falls sie auch am 2. September richtig zeigte, von da an mit jedem Tage bis zum 22. December hin immer mehr die Zeit unrichtig zeigen. Von da an werden die Zeitangaben dieser Uhr anfangen, minder unrichtig zu sein. Erst am 10. April, der mit dem 2. September, wo die Uhr construirt wurde, gleiche nördliche Declination (8 Grad) hat, wird sie die Zeit wieder richtig zeigen, — also nur 2 Mal im Jahr.

Um dieser Schwierigkeit, der Zeigerstange die rechte Lage zu geben, auszuweichen, und um eine Sonnenuhr zu erhalten, welche an allen Tagen des Jahres die Zeit richtig zeigt, mache man bei einer solchen vertikalen Sonnenuhr nicht von dem Schatten der Zeigerstange, sondern von dem Schatten einer an der Zeigerstange steckenden Kugel Gebrauch.

Man lasse eine metallene Kugel machen, die auffallend dicker ist als die Zeigerstange, dieselbe mitten durchbohren und mit einer so großen Oeffnung versehen, so daß die Zeigerstange durch diese Oeffnung frei durchgeht. Senkrecht zu der ersten Bohrung werde ein zweites, aber kleines Loch bis mitten in die Kugel gebohrt, und dieses Löchelchen mit einem Gewinde und einer Schraube versehen, um die Kugel an einem beliebigen Punkte der Stange feststellen zu können.

Wenn das Feld an der Mauer, wo die Sonnenuhr angebracht werden soll, möglichst geebnet und mit weißer Oelfarbe angestrichen ist, z. B. ABDE Fig. X.: so ist zunächst die Stange ZS, an der die Kugel R steckt, in die Mauer zu schlagen oder daran zu befestigen. Um der Stange eine unbewegliche Stellung zu geben, möge sie mit 2 Stützstangen tQ und rQ versehen werden. Die Lage der Stange selbst zur Mauer und zur Weltachse ist bei unserer Constructionsweise der Sonnenuhr gleichgültig, weil hier nicht vom Schatten der Stange, sondern vom Schatten der Kugel R zur Zeitangabe Gebrauch gemacht werden soll. Dafür aber ist zu sorgen, daß die Kugel nicht zu nahe bei oder zu weit entfernt von der Mauer ihre Befestigung an der Stange erhalte. Sicherer geht man, wenn man die Entfernung eher klein als groß nimmt, weil in letzterem Falle das Feld für die Sonnenuhr sehr groß werden dürfte. Am sichersten geht man, wenn man an einem der längsten Sommertage eine Stange von 1 Fuß und eine zweite von ½ Fuß Länge senkrecht in die Mauer schlägt, auf welcher die Uhr construirt werden soll, und Morgens, Mittags und Abends die Schattenlänge beider Stäbe beobachtet. Hieraus wird man sogleich ersehen, in welcher Entfernung von der Mauer die Kugel an der Stange ihre Befestigung zu erhalten habe, damit das zur Sonnenuhr bestimmte Feld nicht zu groß und nicht zu klein werde. Nach dieser Beobachtung gebe man der Kugel die ihr mit Rücksicht auf die Größe des Sonnenuhrfeldes gebührende Entfernung von der Mauer, dadurch, daß man sie an der Stange ZS nach Z oder S verschiebt und dann an die Stange festschraubt. Zur Feststellung der Lage der Stange ZS, resp. der Kugel R bringe man sogleich die Stützstangen tQ und rQ an.

Nach dieser Vorbereitung kann nun an einem sonnigen Tage mit der Zeichnung der Sonnenuhr angefangen werden.

Man stelle des Morgens eine Secunden-Taschenuhr nach einer richtig construirten und gut aufgestellten Horizontal-Sonnenuhr. Nun bezeichne man bei jeder vollen Stunde die Mitte des Kugelschattens auf der vertikalen Mauerfläche ABDE durch einen Punkt, den man mit einem Bleistift macht. Wir erhalten — angenommen, es sei im hohen Sommer — auf diese Weise die Punkte A, B, D, E u. s. w. Um sicher zu gehen, vergleiche man ab und zu die Taschenuhr mit der Sonnenuhr. — Die Punkte A, B, D, E u. s. w. müssen deutlich gemacht werden, damit man sie nach einigen Monaten wiederfinden kann.

Die Schattenlinien für die Stunden können jetzt sogleich noch nicht gezogen werden, weil wir für jede Schattenlinie erst Einen Punkt haben. Wir bedürfen für jede Schattenlinie noch eines zweiten Punktes, weil zur Bestimmung der Lage einer geraden Linie zwei Punkte erfordert werden. Diesen zweiten Punkt für jede Schattenlinie erhalten wir, wenn wir einige Zeit später, wenn die Declination der Sonne sich bedeutend geändert hat, abermals bei jeder vollen Stunde die Mitte des Kugelschattens durch einen Bleistiftspunkt bezeichnen.

Waren z. B. im Monat Juni die Punkte A, B, D, E u. s. w. gefunden, und finden sich nun bei einer Beobachtung im Monat September für dieselben Tageszeiten die Punkte a, b, d, e u. s. w.: so dürfen die Punkte A und a, B und b, D und d, E und e u. s. w. durch gerade Linien nur verbunden, und diese Linien Aa, Bb, Dd, Ee u. s. w. weit genug verlängert werden, und die Schattenlinien sind gezogen.

Das Verfahren, die Sonnenuhr so einzurichten, daß sie auch halbe und Viertel-Stunden zeigt, ergibt sich aus dem Gesagten von selbst.

Diese Methode, eine vertikale Sonnenuhr zu construiren, gewährt den Vortheil, daß weder die Polhöhe, noch die Lage der Zeigerstange, noch die Declination und Inclination der Mauer in Betracht kommt, daß alle Schwierigkeiten, die sich bei andern Constructionen einstellen, hier vermieden werden.

In Italien sind die vertikalen Sonnenuhren an den Häusern zahlreicher und viel größer als in Deutschland. Daselbst sind diese Uhren der Hauptsache nach so eingerichtet, wie die so eben beschriebene, indem an der Zeigerstange eine Kugel oder ein großes rundes Blech steckt, welches in der Mitte eine runde Oeffnung hat, durch welche der Sonnenstrahl auf die Sonnenuhrfläche fällt und die Zeit anzeigt. So viel ich Gelegenheit gehabt habe, diese Sonnenuhren aus ihren Resultaten zu prüfen, zeigten sie im Allgemeinen die Zeit sehr richtig.

Nimmt man, wie es bei uns gewöhnlich geschieht, nicht eine Kugel oder ein in der Mitte durchbohrtes Blech, sondern eine gerade Stange als Gnomon: so muß diese, die nicht Einen Schattenpunkt, wie die Kugel, sondern eine Reihe von Schattenpunkten in jedem Augenblicke bildet, eine zur Weltachse parallele Lage erhalten, wenn die von ihr (der Zeigerstange) gebildeten Schattenlinien das Jahr hindurch in den gleichen Tageszeiten dieselben Lagen wieder einnehmen sollen. Nun ist es aber außerordentlich schwer, der Zeigerstange unter allen Umständen bei den verschiedenen Lagen, welche die Mauerfläche gegen die Himmelsgegend haben kann, gleichwohl doch die gebührende Richtung (genau zum astronomischen Pole hin) zu geben und sie darin zu befestigen.

Man hat ganze Abhandlungen und Büchelchen geschrieben, Hülfsinstrumente und Apparate in Vorschlag gebracht, um die Schwierigkeiten zu überwinden, welche bloß mit der Richtung und Stellung der Zeigerstange verbunden sind; Grund genug, um bei Anfertigung vertikaler Mauer-Sonnenuhren nicht von dem Schatten einer Stange, sondern von einer Kugel Gebrauch zu machen.

---

§. 21. Tafeln der Zeitgleichung (Tafel IV.) und ihr Gebrauch.

Was man unter Sonnenzeit und mittlerer Zeit versteht, ist schon früher (cf. §. 1.) kurz gesagt worden. — Die Sonnenzeit, welche von richtigen Sonnenuhren oder von einer richtigen Mittagslinie angegeben oder aus beobachteten Sonnenhöhen berechnet wird, ist nicht das Jahr hindurch eine gleichförmig fortschreitende; ihre Tage, Stunden u. s. w. sind das ganze Jahr hindurch nicht von gleicher Dauer.

Dagegen sind die Tage und Stunden u. s. w., welche von einer guten Räderuhr, die in einem gleichförmigen Gange ist und diesen gleichförmigen Gang das ganze Jahr hindurch beibehält, alle von gleicher Dauer.

Ist diese Räderuhr in einem solchen Gange, daß sie aus dem Jahre 365 Tage 5 Stunden 48 Minuten und 50 Secunden, also 31556930 Secunden, alle von gleicher Länge bildet, so ist dieselbe in richtigem Gange, und die von ihr angezeigte Zeit heißt die mittlere Sonnenzeit, gewöhnlich die mittlere Zeit. Eine solche Uhr wird, rücksichtlich ihrer Zeitangaben nur 4 Mal im Jahre und zwar nur in 4 Momenten desselben mit einer richtigen Sonnenuhr übereinstimmen; in allen übrigen Zeitmomenten des Jahres wird sie in ihren Zeitangaben von einer richtigen Sonnenuhr mehr oder weniger abweichen, d. h. sie wird, je nach der Jahreszeit, eine größere oder kleinere Anzahl von Minuten und Secunden vor oder nach der Sonnenuhr gehen. Dieser Zeitunterschied zwischen dieser Räderuhr und einer richtigen Sonnenuhr heißt Zeitgleichung. Die Zeitgleichung hat nun in den Tafeln entweder das Vorzeichen + oder —. Das Vorzeichen + bedeutet, daß die Räderuhren um die in der Tafel angegebenen Minuten und Secunden vor der Sonnenuhr gehen sollen; das Vorzeichen — bedeutet, daß die Räderuhren um die in der Tafel angegebenen Minuten und Secunden nach der Sonnenuhr gehen sollen. Es gilt dieses von dem Moment des wahren Mittags. Strenge genommen, muß für jedes neue Jahr eine besondere Zeitgleichungstafel berechnet werden, wie dieses auch die Astronomen in ihren Jahrbüchern zu thun pflegen. Doch, da die Schaltjahre, als 1860, 1864 u. s. w., ebenso die ersten Jahre nach einem Schaltjahre, als 1861, 1865, 1869 u. s. w., deßgleichen die zweiten Jahre nach einem Schaltjahre, als 1862, 1866, 1870 u. s. w. beinahe dieselbe Zeitgleichung haben, so ist eine Sammlung von Zeitgleichungen für eine Periode von 4 aufeinander folgenden Jahren auf eine lange Reihe von Jahren genügend, vorausgesetzt, daß es auf 3 bis 4 Secunden nicht ankommt.

Die von uns hier gelieferten Tafeln der Zeitgleichung sind aus den „Berliner Astronomischen Jahrbüchern“ entnommen und enthalten die Zeitgleichungen für die Jahre 1860, 1861, 1862 und 1863. Diese 4 Tafeln der Zeitgleichung lassen sich bis gegen das Ende dieses Jahrhunderts für die überschriebenen Jahre gebrauchen, ohne daß ein Fehler begangen wird, der 4 Secunden übersteigt.

Die Einrichtung dieser Tafeln bedarf wohl kaum einer Erklärung. Die Zeitgleichung ist in Minuten und Secunden (überschrieben mit „M. S.“), nicht in Minuten und Decimaltheilen von Minuten angegeben, wie man wegen der Schreibweise anzunehmen versucht werden könnte. Wenn z. B. in der Tafel für den 16. Januar der Jahre 1861, 1865 u. s. w. als Zeitgleichung 10.09 angegeben ist, so heißt dieses hier 10 Minuten und 9 Secunden. Diese Schreibweise, die übrigens nicht neu ist (cf. Berghaus), gewährt den Vortheil, daß die Zahlen mehr compreß gedruckt und gleichwohl doch schön geordnet dargestellt werden können, so daß eine Verwechselung unter den Minuten und Secunden nicht möglich ist.

Das in der obersten wagerechten Zeile der Zeitgleichungen geschriebene Vorzeichen + oder — gilt für die ganze vertikale Columne, wenn es nicht durch ein anderes ersetzt wird, wie dieses in den Monaten April, Juni und December der Fall ist.

Demnach ist 1865 die Zeitgleichung für den 13. Januar = + 9 M. 5 S.
" " " " " " " 25. April = — 2 M. 9 S.
" " " " " " " 29. Juni = + 3 M. 5 S.

Was ist der Zweck der Zeitgleichungs-Tafeln?

Es ist dieser: den Stand und Gang der Räderuhren ordnen zu helfen. Wie die Tafeln dazu beitragen können, soll in einem Beispiel gezeigt werden.

Stellt man 1862 den 1. Juli im Moment des wahren Mittags eine Räderuhr so, daß sie 3 M. 28 Sec. gegen eine richtige Sonnenuhr vorgeht, wie es die Zeitgleichungstafel verlangt, so ist die Räderuhr richtig gestellt, sie hat den richtigen Stand.

Läßt man nun diese Räderuhr ruhig gehen, und findet sich, daß sie am 31. Juli im Moment des wahren Mittags gegen eine richtige Sonnenuhr (oder Mittagslinie) 6 M. 7 Sec. vorgeht, also gerade so viel vorgeht, als sie vorgehen muß: so ist dieses ein Beweis, daß die Räderuhr in dem richtigen Gang ist, daß sie in 30 Tagen sich nicht verfrüht oder verspätet hat, also gut ausprobirt ist.

Fände sich dagegen,

daß sie am 31. Juli 9 M. 25 Sec. vorginge,
während sie doch nur 6 M. 7 Sec. vorgehen sollte,
so hätte die Uhr in 30 Tagen 3 M. 18 Sec. gewonnen oder
um 3 M. 18 Sec. sich verfrüht.

Durch Verlängerung der Pendelruthe (Herunterschrauben der Linse), resp. Verschieben des Zeigers an der Stellscheibe gegen „Retard“ bei der Taschenuhr müßte die Uhr in langsameren Gang gebracht werden.

Aus diesem Beispiel ergibt sich, daß man selbst beim Besitze der Mittel, die Sonnenzeit genau zu bestimmen, doch der Zeitgleichungstafeln nicht entbehren kann, wenn man Räderuhren in richtigen Stand und Gang bringen und darin erhalten will.

Ausführlich handelt über diese Materie unser Zeitmesser, welcher auch Anleitung gibt, wie die Zeitgleichungen selbst für einen bestimmten Monatstag eines bestimmten Jahres berechnet werden können.

Liebhaber der Mathematik, welche von der Tafel III. unabhängig sein und die Schattenwinkel auf der Horizontal-Sonnenuhr selbst berechnen wollen, dürfen nur vorgehen nach der Formel tang. w = sin. p × tang. t.

p bezeichnet die Polhöhe des Ortes, t den Stundenwinkel und w den gesuchten Schattenwinkel. Das Maaß des Stundenwinkels ist ausgedrückt durch den Bogen des Aequators, den die Erde bei ihrer Umdrehung um ihre Achse in einer bestimmten Zeit zurücklegt.

Da in 24 Stunden 360 Grad zurückgelegt werden, so beträgt der Stundenwinkel für 1 Stunde 15 Gr.
für 1/2 Stunde 7 Gr. 30 M.
für 1/4 Stunde 3 Gr. 45 M.
für 1/12 Stunde 1 Gr. 15 M.

1. Beispiel. Wie groß ist der Schattenwinkel auf der Horizontal-Sonnenuhr für 50 Gr. 25 M. Polhöhe, welcher präcise 1 Uhr Nach- oder 11 Uhr Vormittags durch den Zeigerschatten und durch die Mittagslinie gebildet wird?

Antwort: 11 Gr. 40 M. 5 Sec. = 11 Gr. 40.08 M.

tang. w = sin. p × tang. t.
tang. w = sin. 50 Gr. 25 M. × tang. 15 Gr.
log. tang. w = log. sin. 50 Gr. 25 M. + log. tang. 15 Gr.
log. sin. 50 Gr. 25 M. = 9.8868846.
log. tang. 15 Gr. = 9.4280525.

Folglich log. tang. w = 9.3149371 = log. tang. 11 Gr. 40 M. 5 Sec.

Die Rechnung lehrt, daß der gesuchte Winkel 11 Gr. 40 M. 5 Sec. oder 11 Gr. 40.08 M. beträgt.

2. Beispiel. Was ist der Schattenwinkel auf der Uhr für 52 Gr. 15 M. Polhöhe präcise 3 1/4 Stunde vor oder über Mittag?

Antwort: 42 Gr. 2 M. 17 Sec.

p. ist in diesem Fall = 52 Gr. 15 M.
t. „ „ „ „ = 3 1/4 × 15 Gr. = 48 3/4 Gr. = 48 Gr. 45 M.

Nun ist tang. w = sin. 52 Gr. 15 M. × tang. 48 Gr. 45 M.

log. sin. 52 Gr. 15 M. = 9.8980060.
log. tang. 48 Gr. 45 M. = 10.0570121.
Folglich log. tang. w = 9.9550181 = log. tang. 42 Gr. 2 M. 17 Sec.

---

§. 22. Gebrauchsanweisung der Tafel V. zur Bestimmung der Declination der Sonne.

Unter Declination oder Abweichung der Sonne versteht man den senkrechten Winkelabstand der Sonne vom Aequator, oder den kürzesten Abstand der Sonne vom Aequator. Die Declination ist eine nördliche, wenn die Sonne über, die Declination ist eine südliche, wenn die Sonne unter dem Aequator ist. Der nördlichen Declination pflegt man das Vorzeichen +, der südlichen das Vorzeichen — zu geben. So z. B. bezeichnet + 5^0 12′ 5 Grad 12 Minuten nördliche Declination; dagegen bezeichnet — 5^0 12′ 5 Grad 12 Minuten südliche Declination. Die größte nördliche, so wie die größte südliche Declination der Sonne beträgt ungefähr 23 Grad 27½ Minute. Daher geschieht es, daß an jedem Orte im Moment seines wahren Mittags zur Zeit des Sommersolstitiums die Sonne 23 Gr. 27½ M. höher, zur Zeit des Wintersolstitiums 23 Gr. 27½ M. tiefer am Himmel erscheint, als zur Zeit der Aequinoctien, wo ihre Declination = 0^0 ist. — Die Aenderung der Declination der Sonne ist das Jahr hindurch keine gleichförmige. Daher bedarf man einer Tabelle, worin für jeden Tag des Jahres die Declination der Sonne angegeben ist; ja man bedarf für jedes neue Jahr einer neuen Declinationstabelle, weil an denselben Monatstagen verschiedener Jahre, z. B. am 1. Januar 1862 und am 1. Januar 1863, die Declination der Sonne verschieden ist. Deßhalb wird auch von den Astronomen in ihren Jahrbüchern alljährlich eine neue Declinationstabelle für das betreffende Jahr geliefert, welche die Declination der Sonne sehr genau angibt; die Berliner Astronomischen Jahrbücher geben die Declination der Sonne für jeden Tag des Jahres bis auf 1/10 Secunde an. Eine so scharfe Bestimmung der Declination der Sonne ist für unsern Zweck nicht erforderlich; die Bestimmung derselben bis auf eine Minute ist für unsern Zweck genügend. Vermittelst der Tafel V., die für Greenwich berechnet ist, (Greenwich liegt 17^0 39′ 36″ östlich von Ferro), läßt sich zunächst für den mittleren Greenwicher Mittag, dann für jede andere mittlere Greenwicher Zeit, so wie endlich für jede gegebene mittlere Zeit an allen Orten, deren Länge bekannt ist, die Declination berechnen.

Die erste vertikale Columne, die mit „Tag" überschrieben ist, enthält das Datum oder die Monatstage, für welche die Declination gesucht wird. Die mit „Jahr" überschriebene vertikale Columne gibt die Jahre an, für welche mittelst dieser Tafel die Declination der Sonne bestimmt werden kann.

Die mit den Monatsnamen überschriebenen vertikalen Columnen enthalten die approximativen Declinationswerthe für die in der ersten Spalte stehenden

Monatstage. Die mit „V. 1 St." überschriebenen Columnen enthalten die während Einer Stunde stattfindende Declinationsänderung für die in der ersten Columne stehenden Monatstage. — Die 3te mit „St." überschriebene vertikale Columne enthält Stunden und Decimaltheile von Stunden, d. i. Zahlen, welche anzeigen, wie oft die einstündige Declinationsveränderung zu nehmen ist.

Ist in den Monaten Januar und Februar eines Schaltjahres die Declination zu bestimmen, so sind die in der mit „St." überschriebenen Columne angegebenen Stunden um 24 Stunden zu vermindern.

Das Verfahren, für den mittleren Greenwicher Mittag die Declination zu bestimmen, ist nun folgendes:

a) Man schreibe die neben dem Datum stehende nur annähernd richtige Declination aus der Tafel heraus;

b) die rechts daneben stehende einstündliche Declinationsveränderung, die in Secunden angegeben ist, multiplicire man mit der Zahl, die rechts neben der Jahreszahl steht;

c. das so entstehende Product wird, wenn die Declination zunimmt, zu der Declination (cf. a.) addirt; nimmt die Declination ab, so wird das Product von der (unter a.) genannten Declination subtrahirt.

Die Summe oder Differenz ist die Declination für den mittleren Greenwicher Mittag.

Beispiele.

1. Beispiel. Man bestimme die Declination der Sonne für den mittleren Greenwicher Mittag für den 27. März 1862.

Man nehme aus der Tafel die für den 27. März angegebene approximative Declination, nämlich 2° 23′ 2″. Dann nehme man die rechts daneben stehende stündliche Declinationsveränderung 58.7 Sec. und multiplicire sie mit der Zahl, die in der mit „St." überschriebenen vertikalen Columne neben der Jahreszahl 1862 steht, also mit 13.86.

$$13.86 \times 58.7 \text{ Sec.} = 13 \text{ M. } 34 \text{ Sec.}$$

Diese 13 M. 34 Sec. werden, weil am 27. März die Declination zunimmt, zu 2 Gr. 23 M. 2 Sec. addirt.

Daher ist die gesuchte Declination	2 Gr. 23 M. 2 Sec.
vermehrt um	13 M. 34 Sec.
gibt	2 Gr. 36 M. 36 Sec.

2. Beispiel. Man bestimme die Declination der Sonne für den mittleren Greenwicher Mittag für den 10. Januar des Schaltjahres 1860.

Die approximative Declination ist für den 10. Januar = 22 Gr. 2 M. 35 Sec.

Die stündliche Aenderung der Declination ist 22.4 Sec.

Weil, wie schon oben bemerkt, in den Monaten Januar und Februar der Schaltjahre die Stundenzahl um 24 zu vermindern ist, so ist nicht 25.49, sondern 1.49 mit 22.4 Sec. zu multipliciren.

1.49 × 22.4 Sec. = 33.376 Sec.

Diese 33 Sec. sind, weil am 10. Januar die Declination abnimmt, von 22 Gr. 2 M. 35 Sec. abzuziehen. Daher ist die gesuchte Declination = 22 Gr. 2 M. 2 Sec.

3. Beispiel. Man bestimme die Declination der Sonne am 7. April 1859 für Greenwich, und zwar für 4 Uhr 15 M. mittl. Zeit Nachmittags.

Für den 7. April ist die Declination approximativ = 6 Gr. 37 M. 14 Sec.

Die Correctur, die, weil am 7. April die Declination wächst, addirt wird, ist für den mittl. Greenwicher Mittag = 56.4 Sec. × 7.30; folglich für 4 Uhr 15 M. (oder 4.25 Uhr) Nachmittags 56.4 Sec. × (7.30 + 4.25) = 56.4 Sec. × 11.55 = 651 Sec. = 0 Gr. 10 M. 51 Sec.

Folglich ist die gesuchte Declination = 6 Gr. 48 M. 5 Sec.

4. Beispiel. Was war aber die Declination am 7. April 1859 für Greenwich 4 Uhr 15 M. mittlere Zeit Morgens?

Für den mittleren Greenwicher Mittag gibt die Tafel am 7. April die approximative Declination . . . . 6 Gr. 37 M. 14 Sec.

Die Correctur für den mittleren Mittag ist 56.4 Sec. × 7.30. Da 4 Uhr 15 M. oder 4.25 Uhr Morgens 7.75 Stunden vom Mittag entfernt ist, wo die Declination um 7.75 × 56.4 Sec. kleiner wär, als im Moment des mittl. Mittags, so war die Correctur für 4 Uhr 25 M. Morgens 56.4 Sec. × (7.30 — 7.75) = 56.4 Sec. × — 0.45 = — 0 Gr. 0 M. 25 Sec. Es gehen also ab . . . . . . 0 Gr. 0 M. 25 Sec.

Daher ist die gesuchte Declination . 6 Gr. 36 M. 49 Sec.

Dieselbe Aufgabe läßt sich am besten in folgender Weise lösen.

Am 6. April ist für den Greenwicher mittleren Mittag die approximative Declination . . . . = 6 Gr. 14 M. 35 Sec.

Die Correctur für diesen mittleren Greenwicher Mittag im Jahre 1859 ist 56.6 Sec. × 7.3. Von Mittag dieses Tages bis 4 Uhr 15 M. am folgenden Morgen sind 16.25 St. Daher ist am 7. April 1859 4¼ Uhr Morgens die Correctur, die zu addiren ist, 56.6 Sec. × (7.3 + 16.25) . . . . = 0 Gr. 22 M. 13 Sec.

Daher ist die gesuchte Declination . = 6 Gr. 36 M. 48 Sec.

Ist für eine Vormittagsstunde eines bestimmten Tages die Declination zu berechnen, so gehe man immer in der so eben gezeigten Weise vor; diese Weise ist die kürzeste.

Aus der doppelten Auflösung des 4. Beispieles ergibt sich die Bestimmung der Declination für eine beliebige gegebene Zeit und einen beliebigen

Ort, dessen Länge bekannt ist. Man reducire die gegebene, resp. berechnete Ortszeit auf Greenwicher Zeit und verfahre dann, wie im 4. Beispiel gezeigt ist.

5. Beispiel. Was ist die Declination am 17. November 1862 $2^1/_2$ Uhr Nachmittags für Wien, welches 34 Gr. 2 M. 50 Sec. östlich von Ferro liegt?

Antwort: 19° 1′ 35″.

Auflösung. Da Wien 34 Gr. 2 M. 50 Sec.
und Greenwich 17 Gr. 39 M. 36 Sec. östlich von Ferro liegt,
so liegt Greenwich 16 Gr. 23 M. 14 Sec. westlich von Wien, hat folglich die gleichen Tageszeiten 1 St. 5 M. 33 Sec. später als Wien. Es ist folglich für (2 Uhr 30 M. — 1 St. 5 M. 33 Sec.) = 1 Uhr 24 M. 27 Sec. = 1.4 Uhr (Greenwicher Zeit) Nachmittags die Declination zu suchen.

Für den 17. November ist die annähernde Declination für den Moment des mittlern Greenwicher Mittag . . . . 18 Gr. 52 M. 15 Sec.

Die Correctur, welche wegen der wachsenden Declination zu addiren ist, beträgt 36.7 Sec. × (13.86 + 1.4) . . . . = 0 Gr. 9 M. 20 Sec.

Nun ist die gesuchte Declination = 19 Gr. 1 M. 35 Sec.

Soll für einen Ort, dessen geographische Länge bekannt ist, und für eine gegebene Sonnenzeit die Declination der Sonne bestimmt werden, so muß die Zeitgleichung bekannt sein und diese mit in Rechnung gebracht werden.

Beispiel. Was war die Declination am 22. October 1859 in dem Augenblick, als die Sonne den Berliner Meridian passirte, wenn Berlin 13 Gr. 23 M. 54 Sec. östlich von Greenwich liegt?

Antwort: 10 Gr. 57 M. 22 Sec.

Auflösung. Wegen der Zeitgleichung war an genanntem Tage die mittlere Berliner Zeit 15 M. 23.17 Sec. hinter der Sonnenzeit. Wegen der westlichen Lage hat Greenwich die gleichen Tageszeiten 53 M. 35.6 Sec. später als Berlin. Die mittlere Greenwicher Zeit war folglich im Moment der Culmination der Sonne für Berlin um 1 St. 8 M. 58.77 Sec. = 1.15 St. nach der Berliner Sonnenzeit. Es ist folglich für (12 — 1.15 =) 10.85 Uhr Vormittags nach der mittleren Greenwicher Zeit die Declination zu bestimmen.

Nun ist (siehe das 4. Beispiel) die annähernde Declination für den mittleren Greenwicher Mittag am 21. October . . . 10 Gr. 30 M. 26 Sec.

Die Correctur für den mittleren Greenwicher Mittag am 21. October ist . . . . = „ „ 53.6 Sec. × 7.3

dazu die Correctur für die Zeit vom 21. October Mittags bis zum 22. October 10.85 Uhr mittlerer Zeit Vormittags . . . . = „ „ 53.6 × 22.85.

Da die Correcturen zu addiren sind, so ist die gesuchte Declination 10 Gr. 30 M. 26 Sec. + 53.6 Sec. × (7.3 + 22.85) = 10 Gr. 57 M. 22 Sec.

§. 23. Einige Worte zum Verständniß der Tafel VI. über Strahlenbrechung.

Der Lichtstrahl, der von einem außer unserer Atmosphäre sich befindenden Gegenstande (Sonne, Mond, Stern) ausgehend in unsere Atmosphäre tritt, erleidet bei seinem Durchgange durch dieselbe eine größere oder kleinere Brechung (Refraction), je nach seinem Höhenwinkel, und je nach der Dichtigkeit der Luft. Die Brechung der Lichtstrahlen, welche von Himmelskörpern ausgehen, heißt astronomische Refraction; die Brechung der Lichtstrahlen, die von Gegenständen auf der Erde ausgehen, heißt terrestrische Refraction. Unsere Tafel enthält die astronomischen Refractionen. Wird mit einem Höhenmesser der Höhenwinkel der Sonne (Sonnenhöhe) gemessen, so heißt diese Höhe, wie das Instrument sie angibt, die *scheinbare* Höhe der Sonne. Die scheinbare Höhe ist um die Refraction größer als die wirkliche Höhe. Beobachtet man einen Stern 1 Grad hoch am Himmel (scheinbare Höhe 1 Grad), so beträgt die mittlere Refraction, wie die Tafel zeigt, 24 M. 24.6 Sec.; mithin ist seine wirkliche Höhe nur 35 M. 35.4 Sec. Bei der Zunahme der Höhe nimmt die Refraction ab. Bei 10 Grad Höhe beträgt die Refraction nur 5 M. 16.2 Sec.; daher ist bei 10 Grad scheinbarer Höhe die wirkliche Höhe 9 Gr. 54 M. 43.8 Sec.

Die Verwandlung der nicht in der Tafel vorkommenden scheinbaren Höhen in wirkliche Höhen wird erleichtert durch die rechts nebenstehenden Differenzen-Columnen.

Nach der Tafel ist

bei 12° 20′ scheinbarer Höhe die Refraction = 4′ 18″.0 ⎫
bei 12° 30′ 〃 〃 〃 〃 = 4′ 14″.6 ⎭ 3″.4 Diff. der Refractionen.

Hier beträgt bei 10′ Höhenveränderung die Refractions-Veränderung 3″.4, was in der Tafel angegeben ist; d. h., wenn die Höhe um 10′ wächst, nimmt die Refraction um 3″.4 ab, folglich, wenn die Höhe um 1′ wächst, nimmt die Refraction um 0″.34 ab.

Für 12° 24′ scheinbare Höhe ist daher die Refraction	4′ 18″.00
vermindert um 4 × 0″.34 =	1.36
macht	4′ 16″.64.

Oder, anders gerechnet,

für 12° 24′ scheinbare Höhe ist die Refraction	4′ 14″.60
vermehrt um 6 × 0″.34 =	2.04
macht	4′ 16″.64.

Daher entspricht der scheinbaren Höhe von 12° 24′ die wirkliche Höhe von 12° 24′ — 4′ 16″.64 = 12° 19′ 43″.36.

Soll die scheinbare Höhe ganz genau in wirkliche Höhe verwandelt werden, so muß auch noch die Dichtigkeit der Luft, d. i. der Thermometer- und

Barometerstand berücksichtiget werden. Allein für unsern Zweck genügt es, wenn die mittlere Refraction in der Weise, wie so eben gezeigt ist, in Rechnung gebracht wird.

---

§. 24. Bestimmung der Polhöhe oder der geographischen Breite durch Beobachtung von Sonnenhöhen.

Zur Bestimmung der Polhöhe durch Beobachtung von Sonnenhöhen bedarf man eines Höhenmessers, der correct gearbeitet und so eingerichtet ist, daß mit demselben Sonnenhöhen bis auf 1 Minute, besser noch, bis auf einen Bruchtheil einer Minute genau gemessen werden können.

Mit diesem Instrumente messe man vor dem Eintritte des wahren Mittags in kleinen Zwischenräumen die Höhe der Sonne. Diese Beobachtungen setze man so lange fort, bis die Sonnenhöhen zu wachsen aufhören und abzunehmen anfangen. Zur Zeit, wo die Sonne ihren höchsten Stand erreicht, wird man durch einige Minuten weder ein Steigen noch Fallen wahrnehmen. Die in dieser Zeit beobachtete Sonnenhöhe, die höchste scheinbare Sonnenhöhe dieses Tages, verwandele man in die wirkliche Sonnenhöhe. Vermehrt man diese wirkliche Sonnenhöhe um die Declination, wenn diese unter dem Aequator, und vermindert die wirkliche Sonnenhöhe um die Declination, wenn diese über dem Aequator ist, so ist die Summe, resp. Differenz die Aequatorshöhe des Ortes (die Entfernung des Ortes vom Pol, in Graden ausgedrückt). Zieht man die Aequatorshöhe von 90 Grad ab, so bleibt als Rest die Polhöhe übrig.

Beispiel. A beobachtete in B, welches 26° östlich von Ferro liegt, am 2. Juli 1859 zur Zeit der Culmination der Sonne einen Höhenwinkel von 62° 46′. Was ist die Polhöhe von B?

Antwort: 50° 19′ 23″.

Auflösung. Der scheinbaren Sonnenhöhe von 62° 46′ entspricht die wirkliche Höhe von 62° 45′ 31″.

Nun ist die Declination zu bestimmen, die, weil sie eine nördliche ist, abgezogen werden muß.

Da B 26°, und

Greenwich 17° 39′ 36″ östlich von Ferro liegt, so liegt Greenwich

8° 20′ 24″ westlicher, hat folglich die gleichen Tageszeiten um 33 M. 22 Sec. oder um 0.556 Stunden später als B. Berechnet man hiernach, wie es oben gezeigt, die Declination der Sonne für die Zeit ihrer Culmination in B, so ergibt sich eine Declination von 23° 4′ 54″. Zieht man diese nördliche Declination von der wirklichen Höhe ab, welche die Sonne zur Zeit ihrer Culmination in B hatte, nämlich 23° 4′ 54″ von 62° 45′ 31″, so bleibt die Aequatorshöhe übrig, nämlich 39° 40′ 37″

Zieht man nun diese Aequatorshöhe 39° 40′ 37″ von 90° ab, so bleibt die gesuchte Polhöhe übrig, nämlich 50° 19′ 23″.

---

§. 25. Zeitbestimmung aus einer Sonnenhöhe.

Wie man aus einer einzigen vor- oder nachmittägigen gegebenen oder gemessenen Sonnenhöhe, wenn Polhöhe und Declination bekannt sind, die Zeit berechnen kann, zeigen die beiden hier folgenden Formeln.

1) $\cos. t = \frac{\sin. h - \sin. p \times \sin. d}{\cos. p \times \cos. d}$ bei nördlicher Declination der Sonne.

2) $\cos. t = \frac{\sin. h + \sin. p \times \sin. d}{\cos. p \times \cos. d}$ bei südlicher Declination der Sonne.

Erklärung. h bezeichnet die Sonnenhöhe (und zwar die wirkliche, nicht die scheinbare) in Graden, Minuten ꝛc. p bezeichnet die Polhöhe des Ortes, d die Declination. Wie beide bestimmt werden können, ist oben gezeigt. t bezeichnet den Stundenwinkel. Er wird Stundenwinkel genannt, weil das durch ihn ausgedrückte Bogenmaß in Stunden- oder Zeitmaß ausgedrückt werden kann, indem 360 Grad dieses Bogenmaßes 24 Stunden Zeitmaß entsprechen (§§. 8. und 21.). Folglich entspricht 1 Grad Bogenmaß 4 M. Zeit, 1 M. Bogenmaß 4 Sec. Zeit, und 1 Sec. Bogenmaß entspricht 4 Tertien Zeit.

1. Beispiel. Wenn die wirkliche Höhe der Sonne (h) 40° 24′ 30″ und wenn ihre Declination (d) eine nördliche . . . . 12° 16′ 0″ ist, und die Polhöhe des Ortes (p) . . . . 51° 20′ 55″ beträgt, was ist dann der Stundenwinkel (t), oder wie viel Uhr ist es dann in diesem Augenblick?

Antwort: 2 Uhr 31 M. 10 Sec. Nachmittags oder 9 Uhr 28 M. 50 Sec. Vormittags, und zwar nach der Sonnenzeit.

Auflösung. Nun ist $\cos. t = \frac{\sin. h - \sin. p \times \sin. d}{\cos. p \times \cos. d} =$

$$\frac{\sin. 40^0\ 24'\ 30'' - \sin. 51^0\ 20'\ 55'' \times \sin. 12^0\ 16'}{\cos. 51^0\ 20'\ 55'' \times \cos. 12^0\ 16'} = \cos. 37^0\ 47'\ 28''.$$

Diesem Bogenmaß entspricht ein Zeitmaß von 2 Stunden 31 M. 10 Sec. D. h. in dem Augenblicke, wo die Sonne unter den oben näher angegebenen Bedingungen 40° 24′ 30″ hoch am Himmel stand, war es 2 St. 31 M. 10 Sec. vor oder über Mittag; es war also 2 Uhr 31 M. 10 Sec. Nachmittags oder 9 Uhr 28 M. 50 Sec. Vormittags nach der Sonnenzeit.

Denjenigen, die mit Logarithmen umzugehen wissen, wird die Zeitbestimmung aus einer einzigen Sonnenhöhe, wenn Polhöhe und Declination bekannt sind, keine Schwierigkeiten machen. Wie Polhöhe und Declination gefunden werden, ist oben gezeigt.

Diejenigen aber, die nicht mit Logarithmen rechnen können, gleichwohl doch aus einer einzigen Sonnenhöhe die Zeit gern möglichst genau berechnen möchten, verweisen wir auf Tafel III. („Wirkliche Länge der trigonometrischen Linien") in „Sammlung mathematischer Tafeln von Dr. J. A. Hülße. Leipzig. Weidmann'sche Buchhandlung."

Selbst Diejenigen, welche mit Logarithmen zu rechnen verstehen, werden bei diesen und andern Aufgaben von der genannten Tafel einen vortheilhaften Gebrauch machen können.

2. Beispiel. A beobachtete am 6. October Vormittags 30° 40' Sonnenhöhe. Die Polhöhe des Beobachters war 51° 20' 55", die Declination der Sonne 5° 16'. Wie viel Uhr war es nach der Sonnenzeit?

Antwort: 10 Uhr 36 M. 43 Sec. Vormittags.

Auflösung. Nach der Refractionstafel beträgt die Strahlenbrechung bei 30° 40' Sonnenhöhe 1' 37". Daher die wirkliche Sonnenhöhe hier = 30° 38' 23".

Weil im October die Abweichung der Sonne eine südliche ist, so ist die Formel, nach welcher gerechnet werden muß: $\cos. t = \frac{\sin. h + \sin. p \times \sin. d}{\cos. p \times \cos. d} =$

$$\frac{\sin. 30^0\ 38'\ 23'' + \sin. 51^0\ 20'\ 55'' \times \sin. 5^0\ 16'}{\cos. 51^0\ 20'\ 55'' \times \cos. 5^0\ 16'} = \cos. 20^0\ 49'.20''.$$

Diesem Stundenwinkel entspricht 1 St. 23 M. 17 Sec. Mithin war es 10 Uhr 36 M. 43 Sec. Vormittags.

3. Beispiel. Ist die wirkliche Sonnenhöhe 26° 12' 20"
die Polhöhe . . . . 51° 20' 55"
die Declination eine nördliche von . . . . 10° 8' 0"; wie viel Uhr ist es nach der Sonnenzeit?

Antwort: Es ist 7 Uhr 58 M. 37 Sec. Vormittags, oder 4 Uhr 1 M. 23 Sec. Nachmittags.

Weil die Declination eine nördliche ist, so ist zu rechnen nach der Formel $\cos. t = \frac{\sin. h - \sin. p \times \sin. d}{\cos. p \times \cos. d} =$

$$\frac{\sin. 26^0\ 12'\ 20'' - \sin. 51^0\ 20'\ 55'' \times \sin. 10^0\ 8'}{\cos. 51^0\ 20'\ 55'' \times \cos. 10^0\ 8'} = \cos. 60^0\ 20'\ 48''.$$

Der Stundenwinkel von 60° 20' 48" gibt in Zeit verwandelt 4 St. 1 M. 23 S.

TABELLEN

I. Tafel. Mittagsverbesserung. Polhöhe = 45 Grad.

	Abweichung der Sonne.	Datum +	Datum —	2 St.	3 St.	4 St.	5 St.	6 St.	7 St.	8 St.	9 St.	10 St.
Nördliche Abweichung der Sonne.	23 Gr.	3. Juli .	10. Juni	2 Sec.	2 Sec.	2 Sec.	2 Sec.	2 Sec.	3 Sec.	3 Sec.	3 Sec.	4 Sec.
	22	13. „ .	1. Juni	3	3	4	4	4	5	5	6	6
	21	19. „ .	26. Mai	4	4	5	5	6	6	7	7	8
	20	24. „ .	20. „ .	5	5	6	6	7	7	8	9	10
	19	29. Juli .	16. „ .	6	6	7	7	8	8	9	10	11
	18	2. August	12. „ .	7	7	7	8	8	9	10	11	12
	17	6. „ .	8. „ .	8	8	8	9	9	10	11	12	13
	16	9. „ .	4. „ .	8	8	9	9	10	11	12	13	14
	15	13. „ .	1. Mai	9	9	9	10	10	11	12	13	14
	14	16. „ .	28. April	9	9	10	10	11	12	13	14	15
	13	19. „ .	25. „ .	10	10	10	11	11	12	13	14	16
	12	22. „ .	22. „ .	10	10	11	11	12	13	14	15	17
	11	25. „ .	19. „ .	11	11	11	12	12	13	14	15	17
	10	28. „ .	16. „ .	11	11	12	13	13	14	15	16	18
	9	31. August	13. „ .	12	12	12	13	13	14	15	16	18
	8	2. Septbr.	10. „ .	12	12	13	13	14	15	16	17	18
	7	5. „ .	8. „ .	13	13	13	14	14	15	16	17	19
	6	8. „ .	5. „ .	13	13	14	14	15	15	16	18	19
	5	10. „ .	3. April	13	14	14	14	15	16	17	18	19
	4	13. „ .	31. März	14	14	14	15	15	16	17	18	20
	3	16. „ .	28. „ .	14	14	15	15	16	16	17	18	20
	2	18. „ .	26. „ .	15	15	15	16	16	17	18	19	20
	1	21. „ .	23. „ .	15	15	15	16	16	17	18	19	20
	0	23. „ .	21. „ .	15	15	16	16	17	17	18	19	20
Südliche Abweichung der Sonne.	1	26. „ .	18. „ .	15	15	16	16	17	17	18	19	20
	2	28. Septbr.	16. „ .	15	16	16	16	17	18	18	19	20
	3	1. October	13. „ .	16	16	16	17	17	18	18	19	20
	4	4. „ .	11. „ .	16	16	16	17	17	18	19	19	21
	5	6. „ .	8. „ .	16	16	16	17	17	18	19	19	20
	6	9. „ .	5. „ .	16	16	17	17	17	18	19	19	20
	7	11. „ .	3. März	16	16	17	17	17	18	19	19	20
	8	14. „ .	28. Febr.	16	16	17	17	17	18	19	19	20
	9	17. „ .	26. „ .	16	16	17	17	17	18	19	19	20
	10	19. „ .	23. „ .	16	16	17	17	17	18	18	19	20
	11	22. „ .	20. „ .	16	16	16	17	17	17	18	19	19
	12	25. „ .	18. „ .	16	16	16	16	17	17	18	18	19
	13	28. „ .	15. „ .	16	16	16	16	16	17	17	18	18
	14	31. October	12. „ .	15	16	16	16	16	17	17	17	18
	15	3. Novbr.	9. „ .	15	15	15	16	16	16	17	17	„
	16	6. „ .	5. „ .	15	15	15	15	15	16	16	16	„
	17	10. „ .	2. Febr.	14	14	14	15	15	15	15	16	„
	18	13. „ .	29. Jan.	14	14	14	14	14	14	14	14	„
	19	17. „ .	25. „ .	13	13	13	13	13	13	13	13	„
	20	22. „ .	21. „ .	11	11	11	12	12	12	12	12	„
	21	27. Novbr.	16. „ .	10	10	10	10	10	10	10	„	„
	22	3. Decemb.	10. „ .	8	8	8	8	8	8	8	„	„
	23	11. Decemb.	2. Jan.	5	5	5	5	5	5	5	„	„

I. Tafel. Mittagsverbesserung. Polhöhe = 47 Grad.

Abweichung der Sonne.	Datum +	Datum —	2 St.	3 St.	4 St.	5 St.	6 St.	7 St.	8 St.	9 St.	10 St.
Nördliche Abweichung der Sonne.											
23 Gr.	3. Juli .	10. Juni	2 Sec.	2 Sec.	2 Sec.	2 Sec.	3 Sec.	3 Sec.	3 Sec.	3 Sec.	4 Sec.
22	13. „ .	1. Juni	4	4	4	4	5	5	6	6	7
21	19. „ .	26. Mai	5	5	5	6	6	7	7	8	9
20	24. „ .	20. „ .	6	6	6	7	7	8	9	10	11
19	29. Juli .	16. „ .	7	7	7	8	8	9	10	11	12
18	2. August	12. „ .	8	8	8	9	9	10	11	12	13
17	6. „ .	8. „ .	8	8	9	9	10	10	11	12	14
16	9. „ .	4. „ .	9	9	10	10	11	11	12	13	15
15	13. „ .	1. Mai	9	10	10	11	11	12	13	14	16
14	16. „ .	28. April	10	10	11	11	12	13	14	15	17
13	19. „ .	25. „ .	11	11	11	12	13	13	14	16	17
12	22. „ .	22. „ .	11	11	12	12	13	14	15	16	18
11	25. „ .	19. „ .	12	12	12	13	14	14	15	17	18
10	28. „ .	16. „ .	12	12	13	13	14	15	16	17	19
9	31. August	13. „ .	13	13	13	14	15	15	16	18	19
8	2. Septbr.	10. „ .	13	13	14	14	15	16	17	18	20
7	5. „ .	8. „ .	14	14	14	15	16	16	17	19	20
6	8. „ .	5. „ .	14	14	15	15	16	17	18	19	20
5	10. „ .	3. April	14	15	15	16	16	17	18	19	21
4	13. „ .	31. März	15	15	15	16	17	17	18	20	21
3	16. „ .	28. „ .	15	15	16	16	17	18	19	20	21
2	18. „ .	26. „ .	16	16	16	17	17	18	19	20	21
1	21. „ .	23. „ .	16	16	17	17	18	18	19	20	22
0	23. „ .	21. „ .	16	16	17	17	18	19	20	21	22
Südliche Abweichung der Sonne.											
1	26. „ .	18. „ .	16	17	17	18	18	19	20	21	22
2	28. Septbr.	16. „ .	17	17	17	18	18	19	20	21	22
3	1. October	13. „ .	17	17	17	18	18	19	20	21	22
4	4. „ .	11. „ .	17	17	17	18	18	19	20	21	22
5	6. „ .	8. „ .	17	17	18	18	19	19	20	21	22
6	9. „ .	5. „ .	17	17	18	18	19	19	20	21	22
7	11. „ .	3. März	17	18	18	18	19	19	20	21	22
8	14. „ .	28. Febr.	17	18	18	18	19	19	20	21	22
9	17. „ .	26. „ .	17	17	18	18	19	19	20	20	21
10	19. „ .	23. „ .	17	17	18	18	18	19	19	20	21
11	22. „ .	20. „ .	17	17	17	18	18	19	19	20	21
12	25. „ .	18. „ .	17	17	17	18	18	19	19	19	20
13	28. „ .	15. „ .	17	17	17	18	18	18	19	19	20
14	31. October	12. „ .	16	16	17	17	17	18	18	19	„
15	3. Novbr.	9. „ .	16	16	16	17	17	17	18	18	„
16	6. „ .	5. „ .	16	16	16	16	16	16	17	17	„
17	10. „ .	2. Febr.	15	15	15	15	15	16	16	16	„
18	13. „ .	29. Jan.	14	14	14	14	15	15	15	15	„
19	17. „ .	25. „ .	13	13	13	13	14	14	14	14	„
20	22. „ .	21. „ .	12	12	12	12	12	13	13	„	„
21	27. Novbr.	16. „ .	11	11	11	11	11	11	11	„	„
22	3. Decemb.	10. „ .	8	8	8	9	9	9	9	„	„
23	11. Decemb.	2. Jan.	5	5	5	5	5	5	5	„	„

I. Tafel. Mittagsverbesserung. Polhöhe = 49 Grad.

	Abweichung der Sonne.	Datum +	Datum −	2 St.	3 St.	4 St.	5 St.	6 St.	7 St.	8 St.	9 St.	10 St.
Nördliche Abweichung der Sonne.	23 Gr.	3. Juli .	10. Juni	2 Sec.	2 Sec.	2 Sec.	3 Sec.	3 Sec.	3 Sec.	3 Sec.	4 Sec.	4 Sec.
	22	13. „ .	1. Juni	4	4	4	5	5	5	6	7	7
	21	19. „ .	26. Mai	5	6	6	6	7	7	8	9	10
	20	24. „ .	20. „ .	6	7	7	7	8	8	9	10	12
	19	29. Juli .	16. „ .	7	8	8	8	9	9	10	11	13
	18	2. August	12. „ .	8	9	9	9	10	10	11	12	14
	17	6. „ .	8. „ .	9	9	10	10	11	11	12	13	15
	16	9. „ .	4. „ .	10	10	11	11	12	12	13	14	16
	15	13. „ .	1. Mai	10	11	11	12	12	13	14	15	17
	14	16. „ .	28. April	11	11	12	12	13	14	15	16	18
	13	19. „ .	25. „ .	11	12	12	13	13	14	15	17	18
	12	22. „ .	22. „ .	12	13	13	14	14	15	16	17	19
	11	25. „ .	19. „ .	13	13	13	14	15	16	17	18	20
	10	28. „ .	16. „ .	13	14	14	15	15	16	17	19	20
	9	31. August	13. „ .	14	14	14	15	16	17	18	19	21
	8	2. Septbr.	10. „ .	14	15	15	16	16	17	18	20	21
	7	5. „ .	8. „ .	15	15	15	16	17	18	19	20	22
	6	8. „ .	5. „ .	15	16	16	17	17	18	19	20	22
	5	10. „ .	3. April	16	16	16	17	18	18	19	21	22
	4	13. „ .	31. März	16	16	17	17	18	19	20	21	23
	3	16. „ .	28. „ .	16	17	17	18	18	19	20	21	23
	2	18. „ .	26. „ .	17	17	18	18	19	19	20	22	23
	1	21. „ .	23. „ .	17	17	18	18	19	20	21	22	23
	0	23. „ .	21. „ .	17	18	18	18	19	20	21	22	23
Südliche Abweichung der Sonne.	1	26. „ .	18. „ .	18	18	18	19	19	20	21	22	23
	2	28. Septbr.	16. „ .	18	18	19	19	20	20	21	22	23
	3	1. October	13. „ .	18	18	19	19	20	20	21	22	23
	4	4. „ .	11. „ .	18	18	19	19	20	20	21	22	23
	5	6. „ .	8. „ .	18	19	19	20	20	21	21	22	23
	6	9. „ .	5. „ .	18	19	19	20	20	21	21	22	23
	7	11. „ .	3. März	19	19	19	20	20	21	21	22	23
	8	14. „ .	28. Febr.	19	19	19	20	20	21	21	22	23
	9	17. „ .	26. „ .	18	19	19	19	20	20	21	22	23
	10	19. „ .	23. „ .	18	19	19	19	20	20	21	22	23
	11	22. „ .	20. „ .	18	18	19	19	19	20	20	21	22
	12	25. „ .	18. „ .	18	18	18	19	19	20	20	21	22
	13	28. „ .	15. „ .	18	18	18	19	19	19	20	20	21
	14	31. October	12. „ .	17	17	18	18	18	19	19	20	„
	15	3. Novbr.	9. „ .	17	17	17	18	18	18	19	19	„
	16	6. „ .	5. „ .	16	17	17	17	17	17	18	18	„
	17	10. „ .	2. Febr.	16	16	16	16	16	17	17	17	„
	18	13. „ .	29. Jan.	15	15	15	15	15	16	16	„	„
	19	17. „ .	25. „ .	14	14	14	14	14	15	15	„	„
	20	22. „ .	21. „ .	13	13	13	13	13	13	14	„	„
	21	27. Novbr.	16. „ .	11	11	11	11	11	11	12	„	„
	22	3. Decemb.	10. „ .	9	9	9	9	9	9	9	„	„
	23	11. Decemb.	2. Jan.	5	5	5	5	5	5	5	„	„

I. Tafel. Mittagsverbesserung. Polhöhe = 51 Grad.

	Abweichung der Sonne.	Datum +	Datum —	2 St.	3 St.	4 St.	5 St.	6 St.	7 St.	8 St.	9 St.	10 St.
Nördliche Abweichung der Sonne.	23 Gr.	3. Juli .	10. Juni	3 Sec.	3 Sec.	3 Sec.	3 Sec.	3 Sec.	3 Sec.	4 Sec.	4 Sec.	5 Sec.
	22	13. „ .	1. Juni	5	5	5	5	6	6	7	7	8
	21	19. „ .	26. Mai	6	6	6	7	7	8	9	10	11
	20	24. „ .	20. „ .	7	7	8	8	9	9	10	11	13
	19	29. Juli .	16. „ .	8	8	9	9	10	10	11	13	14
	18	2. August	12. „ .	9	9	10	10	11	11	12	14	15
	17	6. „ .	8. „ .	10	10	10	11	11	12	13	15	16
	16	9. „ .	4. „ .	11	11	11	12	12	13	14	16	17
	15	13. „ .	1. Mai	11	12	12	13	13	14	15	16	18
	14	16. „ .	28. April	12	13	13	14	14	15	16	17	19
	13	19. „ .	25. „ .	13	13	14	14	15	16	17	18	20
	12	22. „ .	22. „ .	13	14	14	15	16	17	18	19	21
	11	25. „ .	19. „ .	14	14	15	15	16	17	18	19	21
	10	28. „ .	16. „ .	14	15	15	16	17	18	19	20	22
	9	31. August	13. „ .	15	15	16	16	17	18	19	21	22
	8	2. Septbr.	10. „ .	15	16	16	17	18	19	20	21	23
	7	5. „ .	8. „ .	16	16	17	17	18	19	20	22	23
	6	8. „ .	5. „ .	16	17	17	18	19	20	21	22	24
	5	10. „ .	3. April	17	17	18	18	19	20	21	22	24
	4	13. „ .	31. März	17	18	18	19	19	20	21	23	24
	3	16. „ .	28. „ .	18	18	18	19	20	21	22	23	25
	2	18. „ .	26. „ .	18	18	19	19	20	21	22	23	25
	1	21. „ .	23. „ .	18	19	19	20	20	21	22	24	25
	0	23. „ .	21. „ .	19	19	19	20	20	21	23	24	25
Südliche Abweichung der Sonne.	1	26. „ .	18. „ .	19	19	20	20	21	22	23	24	25
	2	28. Septbr.	16. „ .	19	19	20	20	21	22	23	24	25
	3	1. October	13. „ .	19	20	20	20	21	22	23	24	25
	4	4. „ .	11. „ .	20	20	20	21	21	22	23	24	25
	5	6. „ .	8. „ .	20	20	20	21	21	22	23	24	25
	6	9. „ .	5. „ .	20	20	20	21	21	22	23	24	25
	7	11. „ .	3. März	20	20	20	21	21	22	23	24	25
	8	14. „ .	28. Febr.	20	20	20	21	21	22	23	24	25
	9	17. „ .	26. „ .	20	20	20	21	21	22	22	23	24
	10	19. „ .	23. „ .	20	20	20	20	21	21	22	23	24
	11	22. „ .	20. „ .	19	20	20	20	21	21	22	23	24
	12	25. „ .	18. „ .	19	19	20	20	20	21	22	22	„
	13	28. „ .	15. „ .	19	19	19	20	20	20	21	22	„
	14	31. October	12. „ .	18	19	19	19	20	20	21	21	„
	15	3. Novbr.	9. „ .	18	18	18	19	19	19	20	20	„
	16	6. „ .	5. „ .	17	18	18	18	19	19	19	20	„
	17	10. „ .	2. Febr.	17	17	17	17	17	18	18	„	„
	18	13. „ .	29. Jan.	16	16	16	16	16	17	17	„	„
	19	17. „ .	25. „ .	15	15	15	15	15	16	16	„	„
	20	22. „ .	21. „ .	14	14	14	14	14	14	14	„	„
	21	27. Novbr.	16. „ .	12	12	12	12	12	12	12	„	„
	22	3. Decemb.	10. „ .	9	9	9	10	10	10	„	„	„
	23	11. Decemb.	2. Jan.	5	5	5	6	6	6	„	„	„

I. Tafel. Mittagsverbesserung. Polhöhe = 53 Grad.

	Abweichung der Sonne.	Datum +	Datum —	2 St.	3 St.	4 St.	5 St.	6 St.	7 St.	8 St.	9 St.	10 St.
Nördliche Abweichung der Sonne.	23 Gr.	3. Juli .	10. Juni	3 Sec.	3 Sec.	3 Sec.	3 Sec.	4 Sec.	4 Sec.	4 Sec.	5 Sec.	5 Sec.
	22	13. „ .	1. Juni	5	5	5	6	6	7	7	8	9
	21	19. „ .	26. Mai	7	7	7	8	8	9	9	10	11
	20	24. „ .	20. „ .	8	8	8	9	9	10	11	12	13
	19	29. Juli .	16. „ .	9	9	9	10	10	11	12	13	15
	18	2. August	12. „ .	10	10	10	11	11	12	13	14	16
	17	6. „ .	8. „ .	11	11	11	12	13	14	15	16	18
	16	9. „ .	4. „ .	12	12	12	13	14	15	16	17	19
	15	13. „ .	1. Mai	12	13	13	14	15	16	17	18	20
	14	16. „ .	28. April	13	14	14	15	16	16	18	19	21
	13	19. „ .	25. „ .	14	15	15	15	16	17	18	20	21
	12	22. „ .	22. „ .	14	15	15	16	17	18	19	20	22
	11	25. „ .	19. „ .	15	16	16	17	17	18	20	21	23
	10	28. „ .	16. „ .	16	16	17	17	18	19	20	22	23
	9	31. August	13. „ .	16	17	17	18	19	20	21	22	24
	8	2. Septbr.	10. „ .	17	17	18	18	19	20	21	23	24
	7	5. „ .	8. „ .	17	18	18	19	20	21	22	23	25
	6	8. „ .	5. „ .	18	18	19	19	20	21	22	24	25
	5	10. „ .	3. April	18	19	19	20	21	22	23	24	26
	4	13. „ .	31. März	19	19	20	20	21	22	23	25	26
	3	16. „ .	28. „ .	19	19	20	20	21	22	23	25	26
	2	18. „ .	26. „ .	19	20	20	21	22	23	24	25	27
	1	21. „ .	23. „ .	20	20	21	21	22	23	24	25	27
	0	23. „ .	21. „ .	20	20	21	21	22	23	24	25	27
Südliche Abweichung der Sonne.	1	26. „ .	18. „ .	20	21	21	22	22	23	24	25	27
	2	28. Septbr.	16. „ .	21	21	21	22	22	23	24	25	27
	3	1. October	13. „ .	21	21	21	22	23	23	24	26	27
	4	4. „ .	11. „ .	21	21	22	22	23	24	25	26	27
	5	6. „ .	8. „ .	21	21	22	22	23	24	25	26	27
	6	9. „ .	5. „ .	21	21	22	22	23	23	24	26	27
	7	11. „ .	3. März	21	21	22	22	23	23	24	25	27
	8	14. „ .	28. Febr.	21	21	22	22	23	23	24	25	26
	9	17. „ .	26. „ .	21	21	22	22	23	23	24	25	26
	10	19. „ .	23. „ .	21	21	22	22	22	23	24	25	26
	11	22. „ .	20. „ .	21	21	21	22	22	23	23	24	„
	12	25. „ .	18. „ .	21	21	21	21	22	22	23	24	„
	13	28. „ .	15. „ .	20	20	21	21	21	22	23	23	„
	14	31. October	12. „ .	20	20	20	21	21	21	22	23	„
	15	3. Novbr.	9. „ .	19	20	20	20	20	21	21	22	„
	16	6. „ .	5. „ .	19	19	19	19	20	20	20	21	„
	17	10. „ .	2. Febr.	18	18	18	18	19	19	19	„	„
	18	13. „ .	29. Jan.	17	17	17	17	18	18	18	„	„
	19	17. „ .	25. „ .	16	16	16	16	17	17	17	„	„
	20	22. „ .	21. „ .	14	14	14	14	15	15	16	„	„
	21	27. Novbr.	16. „ .	12	12	12	13	13	13	„	„	„
	22	3. Decemb.	10. „ .	10	10	10	10	10	10	„	„	„
	23	11. Decemb.	2. Jan.	6	6	6	6	6	6	„	„	„

I. Tafel. Mittagsverbesserung. Polhöhe = 55 Grad.

Abweichung der Sonne.	Datum +	Datum −	2 St.	3 St.	4 St.	5 St.	6 St.	7 St.	8 St.	9 St.	10 St.
Nördliche Abweichung der Sonne.											
23 Gr.	3. Juli .	10. Juni	3 Sec.	3 Sec.	3 Sec.	4 Sec.	4 Sec.	4 Sec.	4 Sec.	5 Sec.	5 Sec.
22	13. „ .	1. Juni	5	6	6	6	7	7	8	8	9
21	19. „ .	26. Mai	7	8	8	8	9	9	10	11	12
20	24. „ .	20. „ .	9	9	9	10	10	11	12	13	14
19	29. Juli .	16. „ .	10	10	10	11	11	12	14	15	16
18	2. August	12. „ .	11	11	12	12	13	14	15	16	18
17	6. „ .	8. „ .	12	12	13	13	14	15	16	17	19
16	9. „ .	4. „ .	13	13	14	14	15	16	17	19	20
15	13. „ .	1. Mai	14	14	15	15	16	17	18	20	21
14	16. „ .	28. April	15	15	16	16	17	18	19	21	22
13	19. „ .	25. „ .	15	16	16	17	18	19	20	21	23
12	22. „ .	22. „ .	16	16	17	17	18	19	21	22	24
11	25. „ .	19. „ .	17	17	17	18	19	20	21	23	25
10	28. „ .	16. „ .	17	18	18	19	20	21	22	23	25
9	31. August	13. „ .	18	18	19	19	20	21	22	24	26
8	2. Septbr.	10. „ .	18	19	19	20	21	22	23	24	26
7	5. „ .	8. „ .	19	19	20	20	21	22	23	25	27
6	8. „ .	5. „ .	19	20	20	21	22	23	24	25	27
5	10. „ .	3. April	20	20	21	21	22	23	25	26	28
4	13. „ .	31. März	20	21	21	22	22	23	25	26	28
3	16. „ .	28. „ .	21	21	21	22	23	24	25	26	28
2	18. „ .	26. „ .	21	21	22	23	23	24	25	27	29
1	21. „ .	23. „ .	21	22	22	23	24	25	26	27	29
0	23. „ .	21. „ .	21	22	22	23	24	25	26	27	29
Südliche Abweichung der Sonne.											
1	26. „ .	18. „ .	22	22	23	23	24	25	26	27	29
2	28. Septbr.	16. „ .	22	22	23	23	24	25	26	27	29
3	1. October	13. „ .	22	23	23	24	24	25	26	27	29
4	4. „ .	11. „ .	23	23	23	24	24	25	26	27	29
5	6. „ .	8. „ .	23	23	23	24	24	25	26	27	29
6	9. „ .	5. „ .	23	23	23	24	24	25	26	27	29
7	11. „ .	3. März	23	23	23	24	24	25	26	27	29
8	14. „ .	28. Febr.	23	23	23	24	24	25	26	27	28
9	17. „ .	26. „ .	23	23	23	24	24	25	26	27	28
10	19. „ .	23. „ .	23	23	23	23	24	25	26	26	„
11	22. „ .	20. „ .	22	22	23	23	24	24	25	26	„
12	25. „ .	18. „ .	22	22	22	23	23	24	25	25	„
13	28. „ .	15. „ .	22	22	22	22	23	23	24	25	„
14	31. October	12. „ .	21	21	21	22	22	23	24	24	„
15	3. Novbr.	9. „ .	20	21	21	21	22	22	23	„	„
16	6. „ .	5. „ .	20	20	20	20	21	21	22	„	„
17	10. „ .	2. Febr.	19	19	19	19	20	20	21	„	„
18	13. „ .	29. Jan.	18	18	18	18	19	19	20	„	„
19	17. „ .	25. „ .	17	17	17	17	17	18	18	„	„
20	22. „ .	21. „ .	15	15	15	15	15	16	„	„	„
21	27. Novbr.	16. „ .	13	13	13	13	14	14	„	„	„
22	3. Decemb.	10. „ .	11	11	11	11	11	11	„	„	„
23	11. Decemb.	2. Jan.	6	6	6	6	6	6	„	„	„

II. Tafel. Länge der Tangente.

M.	0 Grad	1 Gr.	2 Gr.	3 Gr.	4 Gr.	5 Gr.	6 Gr.	7 Gr.	′
0	0.0000	0.0175	0.0349	0.0524	0.0699	0.0875	0.1051	0.1228	60
1	0.0003	0.0177	0.0352	0.0527	0.0702	0.0878	0.1054	0.1231	59
2	0.0006	0.0180	0.0355	0.0530	0.0705	0.0881	0.1057	0.1234	58
3	0.0009	0.0183	0.0358	0.0533	0.0708	0.0884	0.1060	0.1237	57
4	0.0012	0.0186	0.6361	0.0536	0.0711	0.0887	0.1063	0.1240	56
5	0.0015	0.0189	0.0364	0.0539	0.0714	0.0890	0.1066	0.1243	55
6	0.0017	0.0192	0.0367	0.0542	0.0717	0.0892	0.1069	0.1246	54
7	0.0020	0.0195	0.0370	0.0544	0.0720	0.0895	0.1072	0.1249	53
8	0.0023	0.0198	0.0373	0.0547	0.0723	0.0898	0.1075	0.1251	52
9	0.0026	0.0201	0.0375	0.0550	0.0726	0.0901	0.1078	0.1254	51
10	0.0029	0.0204	0.0378	0.0553	0.0729	0.0904	0.1080	0.1257	50
11	0.0032	0.0207	0.0381	0.0556	0.0731	0.0907	0.1083	0.1260	49
12	0.0035	0.0209	0.0384	0.0559	0.0734	0.0910	0.1086	0.1263	48
13	0.0038	0.0212	0.0387	0.0562	0.0737	0.0913	0.1089	0.1266	47
14	0.0041	0.0215	0.0390	0.0565	0.0740	0.0916	0.1092	0.1269	46
15	0.0044	0.0218	0.0393	0.0568	0.0743	0.0919	0.1095	0.1272	45
16	0.0047	0.0221	0.0396	0.0571	0.0746	0.0922	0.1098	0.1275	44
17	0.0049	0.0224	0.0399	0.0574	0.0749	0.0925	0.1101	0.1278	43
18	0.0052	0.0227	0.0402	0.0577	0.0752	0.0928	0.1104	0.1281	42
19	0.0055	0.0230	0.0405	0.0580	0.0755	0.0931	0.1107	0.1284	41
20	0.0058	0.0233	0.0407	0.0582	0.0758	0.0934	0.1110	0.1287	40
21	0.0061	0.0236	0.0410	0.0585	0.0761	0.0936	0.1113	0.1290	39
22	0.0064	0.0239	0.0413	0.0588	0.0764	0.0939	0.1116	0.1293	38
23	0.0067	0.0241	0.0416	0.0591	0.0767	0.0942	0.1119	0.1296	37
24	0.0070	0.0244	0.0419	0.0594	0.0769	0.0945	0.1122	0.1299	36
25	0.0073	0.0247	0.0422	0.0597	0.0772	0.0948	0.1125	0.1302	35
26	0.0076	0.0250	0.0425	0.0600	0.0775	0.0951	0.1128	0.1305	34
27	0.0079	0.0253	0.0428	0.0603	0.0778	0.0954	0.1131	0.1308	33
28	0.0081	0.0256	0.0431	0.0606	0.0781	0.0957	0.1133	0.1311	32
29	0.0084	0.0259	0.0434	0.0609	0.0784	0.0960	0.1136	0.1314	31
30	0.0087	0.0262	0.0437	0.0612	0.0787	0.0963	0.1139	0.1317	30
31	0.0090	0.0265	0.0440	0.0615	0.0790	0.0966	0.1142	0.1319	29
32	0.0093	0.0268	0.0442	0.0617	0.0793	0.0969	0.1145	0.1322	28
33	0.0096	0.0271	0.0445	0.0620	0.0796	0.0972	0.1148	0.1325	27
34	0.0099	0.0274	0.0448	0.0623	0.0799	0.0975	0.1151	0.1328	26
35	0.0102	0.0276	0.0451	0.0626	0.0802	0.0978	0.1154	0.1331	25
36	0.0105	0.0279	0.0454	0.0629	0.0805	0.0981	0.1157	0.1334	24
37	0.0108	0.0282	0.0457	0.0632	0.0808	0.0983	0.1160	0.1337	23
38	0.0111	0.0285	0.0460	0.0635	0.0810	0.0986	0.1163	0.1340	22
39	0.0113	0.0288	0 0463	0.0638	0.0813	0.0989	0.1166	0.1343	21
40	0.0116	0.0291	0.0466	0.0641	0.0816	0.0992	0.1169	0.1346	20
41	0.0119	0.0294	0.0469	0.0644	0.0819	0.0995	0.1172	0.1349	19
42	0.0122	0 0297	0.0472	0.0647	0.0822	0.0998	0.1175	0.1352	18
43	0.0125	0.0300	0.0475	0.0650	0.0825	0.1001	0.1178	0.1355	17
44	0.0128	0.0303	0.0477	0.0653	0.0828	0.1004	0.1181	0.1358	16
45	0.0131	0.0306	0.0480	0.0655	0.0831	0.1007	0.1184	0.1361	15
46	0.0134	0 0308	0.0483	0.0658	0.0834	0.1010	0.1187	0.1364	14
47	0.0137	0.0311	0.0486	0.0661	0.0837	0.1013	0.1189	0.1367	13
48	0.0140	0.0314	0.0489	0.0664	0.0840	0.1016	0.1192	0.1370	12
49	0.0143	0.0317	0.0492	0.0667	0.0843	0.1019	0.1195	0.1373	11
50	0.0145	0.0320	0.0495	0.0670	0.0846	0.1022	0.1198	0.1376	10
51	0.0148	0.0323	0.0498	0.0673	0.0849	0.1025	0.1201	0.1379	9
52	0.0151	0.0326	0.0501	0.0676	0.0851	0.1028	0.1204	0.1382	8
53	0.0154	0.0329	0.0504	0.0679	0.0854	0.1030	0.1207	0.1385	7
54	0.0157	0.0332	0.0507	0.0682	0.0857	0.1033	0.1210	0.1388	6
55	0.0160	0.0335	0.0509	0.0685	0.0860	0.1036	0.1213	0.1391	5
56	0.0163	0.0338	0.0512	0.0688	0.0863	0.1039	0.1216	0.1394	4
57	0.0166	0.0340	0.0515	0.0690	0.0866	0.1042	0.1219	0.1397	3
58	0.0169	0.0343	0.0518	0.0693	0.0869	0.1045	0.1222	0.1399	2
59	0.0172	0.0346	0.0521	0.0696	0.0872	0.1048	0.1225	0.1402	1
60	0.0174	0.0349	0.0524	0.0699	0.0875	0.1051	0.1228	0.1405	0
	89 Grad	88 Gr.	87 Gr.	86 Gr.	85 Gr.	84 Gr.	83 Gr.	82 Grad	M.

Länge der Cotangente.

II. Tafel. Länge der Tangente.

M.	8 Grad	9 Gr.	10 Gr.	11 Gr.	12 Gr.	13 Gr.	14 Gr.	15 Gr.	′
0	0.1405	0.1584	0.1763	0.1944	0.2126	0.2309	0.2493	0.2679	60
1	0.1408	0.1587	0.1766	0.1947	0.2129	0.2312	0.2496	0.2683	59
2	0.1411	0.1590	0.1769	0.1950	0.2132	0.2315	0.2499	0.2686	58
3	0.1414	0.1593	0.1772	0.1953	0.2135	0.2318	0.2503	0.2689	57
4	0.1417	0.1596	0.1775	0.1956	0.2138	0.2321	0.2506	0.2692	56
5	0.1420	0.1599	0.1778	0.1959	0.2141	0.2324	0.2509	0.2695	55
6	0.1423	0.1602	0.1781	0.1962	0.2144	0.2327	0.2512	0.2698	54
7	0.1426	0.1605	0.1784	0.1965	0.2147	0.2330	0.2515	0.2701	53
8	0.1429	0.1608	0.1787	0.1968	0.2150	0.2333	0.2518	0.2704	52
9	0.1432	0.1611	0.1790	0.1971	0.2153	0.2336	0.2521	0.2708	51
10	0.1435	0.1614	0.1793	0.1974	0.2156	0.2339	0.2524	0.2711	50
11	0.1438	0.1617	0.1796	0.1977	0.2159	0.2342	0.2527	0.2714	49
12	0.1441	0.1620	0.1799	0.1980	0.2162	0.2345	0.2530	0.2717	48
13	0.1444	0.1623	0.1802	0.1983	0.2165	0.2349	0.2533	0.2720	47
14	0.1447	0.1626	0.1805	0.1986	0.2168	0.2352	0.2537	0.2723	46
15	0.1450	0.1629	0.1808	0.1989	0.2171	0.2355	0.2540	0.2726	45
16	0.1453	0.1632	0.1811	0.1992	0.2174	0.2358	0.2543	0.2729	44
17	0.1456	0.1635	0.1814	0.1995	0.2177	0.2361	0.2546	0.2733	43
18	0.1459	0.1638	0.1817	0.1998	0.2180	0.2364	0.2549	0.2736	42
19	0.1462	0.1641	0.1820	0.2001	0.2183	0.2367	0.2552	0.2739	41
20	0.1465	0.1644	0.1823	0.2004	0.2186	0.2370	0.2555	0.2742	40
21	0.1468	0.1647	0.1826	0.2007	0.2189	0.2373	0.2558	0.2745	39
22	0.1471	0.1650	0.1829	0.2010	0.2193	0.2376	0.2561	0.2748	38
23	0.1474	0.1653	0.1832	0.2013	0.2196	0.2379	0.2564	0.2751	37
24	0.1477	0.1655	0.1835	0.2016	0.2199	0.2382	0.2568	0.2754	36
25	0.1480	0.1658	0.1838	0.2019	0.2202	0.2385	0.2571	0.2758	35
26	0.1483	0.1661	0.1841	0.2022	0.2205	0.2388	0.2574	0.2761	34
27	0.1486	0.1664	0.1844	0.2025	0.2208	0.2392	0.2577	0.2764	33
28	0.1489	0.1667	0.1847	0.2028	0.2211	0.2395	0.2580	0.2767	32
29	0.1492	0.1670	0.1850	0.2031	0.2214	0.2398	0.2583	0.2770	31
30	0.1495	0.1673	0.1853	0.2035	0.2217	0.2401	0.2586	0.2773	30
31	0.1497	0.1676	0.1856	0.2038	0.2220	0.2404	0.2589	0.2776	29
32	0.1500	0.1679	0.1859	0.2041	0.2223	0.2407	0.2592	0.2780	28
33	0.1503	0.1682	0.1862	0.2044	0.2226	0.2410	0.2595	0.2783	27
34	0.1506	0.1685	0.1865	0.2047	0.2229	0.2413	0.2599	0.2786	26
35	0.1509	0.1688	0.1868	0.2050	0.2232	0.2416	0.2602	0.2789	25
36	0.1512	0.1691	0.1871	0.2053	0.2235	0.2419	0.2605	0.2792	24
37	0.1515	0.1694	0.1874	0.2056	0.2238	0.2422	0.2608	0.2795	23
38	0.1518	0.1697	0.1877	0.2059	0.2241	0.2425	0.2611	0.2798	22
39	0.1521	0.1700	0.1880	0.2062	0.2244	0.2428	0.2614	0.2801	21
40	0.1524	0.1703	0.1883	0.2065	0.2247	0.2432	0.2617	0.2805	20
41	0.1527	0.1706	0.1887	0.2068	0.2251	0.2435	0.2620	0.2808	19
42	0.1530	0.1709	0.1890	0.2071	0.2254	0.2438	0.2623	0.2811	18
43	0.1533	0.1712	0.1893	0.2074	0.2257	0.2441	0.2627	0.2814	17
44	0.1536	0.1715	0.1896	0.2077	0.2260	0.2444	0.2630	0.2817	16
45	0.1539	0.1718	0.1899	0.2080	0.2263	0.2447	0.2633	0.2820	15
46	0.1542	0.1721	0.1902	0.2083	0.2266	0.2450	0.2636	0.2823	14
47	0.1545	0.1724	0.1905	0.2086	0.2269	0.2453	0.2639	0.2827	13
48	0.1548	0.1727	0.1908	0.2089	0.2272	0.2456	0.2642	0.2830	12
49	0.1551	0.1730	0.1911	0.2092	0.2275	0.2459	0.2645	0.2833	11
50	0.1554	0.1733	0.1914	0.2095	0.2278	0.2462	0.2648	0.2836	10
51	0.1557	0.1736	0.1917	0.2098	0.2281	0.2465	0.2651	0.2839	9
52	0.1560	0.1739	0.1920	0.2101	0.2284	0.2469	0.2655	0.2842	8
53	0.1563	0.1742	0.1923	0.2104	0.2287	0.2472	0.2658	0.2845	7
54	0.1566	0.1745	0.1926	0.2107	0.2290	0.2475	0.2661	0.2849	6
55	0.1569	0.1748	0.1929	0.2110	0.2293	0.2478	0.2664	0.2852	5
56	0.1572	0.1751	0.1932	0.2113	0.2296	0.2481	0.2667	0.2855	4
57	0.1575	0.1754	0.1935	0.2116	0.2299	0.2484	0.2670	0.2858	3
58	0.1578	0.1757	0.1938	0.2119	0.2303	0.2487	0.2673	0.2861	2
59	0.1581	0.1760	0.1941	0.2123	0.2306	0.2490	0.2676	0.2864	1
60	0.1584	0.1763	0.1944	0.2126	0.2309	0.2493	0.2679	0.2867	0
′	81 Grad	80 Gr.	79 Gr.	78 Gr.	77 Gr.	76 Gr.	75 Gr.	74 Grad	M.

Länge der Cotangente.

II. Tafel. Länge der Tangente.

M.	16 Grad	17 Gr.	18 Gr.	19 Gr.	20 Gr.	21 Gr.	22 Gr.	23 Gr.	′
0	0.2867	0.3057	0.3249	0.3443	0.3640	0.3839	0.4040	0.4245	60
1	0.2871	0.3060	0.3252	0.3447	0.3643	0.3842	0.4044	0.4248	59
2	0.2874	0.3064	0.3256	0.3450	0.3646	0.3845	0.4047	0.4252	58
3	0.2877	0.3067	0.3259	0.3453	0.3650	0.3849	0.4050	0.4255	57
4	0.2880	0.3070	0.3262	0.3456	0.3653	0.3852	0.4054	0.4258	56
5	0.2883	0.3073	0.3265	0.3460	0.3656	0.3855	0.4057	0.4262	55
6	0.2886	0.3076	0.3269	0.3463	0.3659	0.3859	0.4061	0.4265	54
7	0.2890	0.3080	0.3272	0.3466	0.3663	0.3862	0.4064	0.4269	53
8	0.2893	0.3083	0.3275	0.3469	0.3666	0.3865	0.4067	0.4272	52
9	0.2896	0.3086	0.3278	0.3473	0.3669	0.3869	0.4071	0.4276	51
10	0.2899	0.3089	0.3281	0.3476	0.3673	0.3872	0.4074	0.4279	50
11	0.2902	0.3092	0.3285	0.3479	0.3676	0.3875	0.4078	0.4283	49
12	0.2905	0.3096	0.3288	0.3482	0.3679	0.3879	0.4081	0.4286	48
13	0.2908	0.3099	0.3291	0.3486	0.3683	0.3882	0.4084	0.4289	47
14	0.2912	0.3102	0.3294	0.3489	0.3686	0.3885	0.4088	0.4293	46
15	0.2915	0.3105	0.3298	0.3492	0.3689	0.3889	0.4091	0.4296	45
16	0.2918	0.3108	0.3301	0.3495	0.3692	0.3892	0.4095	0.4300	44
17	0.2921	0.3111	0.3304	0.3499	0.3696	0.3895	0.4098	0.4303	43
18	0.2924	0.3115	0.3307	0.3502	0.3699	0.3899	0.4101	0.4307	42
19	0.2927	0.3118	0.3310	0.3505	0.3702	0.3902	0.4105	0.4310	41
20	0.2930	0.3121	0.3314	0.3508	0.3706	0.3906	0.4108	0.4314	40
21	0.2934	0.3124	0.3317	0.3512	0.3709	0.3909	0.4111	0.4317	39
22	0.2937	0.3127	0.3320	0.3515	0.3712	0.3912	0.4115	0.4320	38
23	0.2940	0.3131	0.3323	0.3518	0.3716	0.3916	0.4118	0.4324	37
24	0.2943	0.3134	0.3327	0.3522	0.3719	0.3919	0.4122	0.4327	36
25	0.2946	0.3137	0.3330	0.3525	0.3722	0.3922	0.4125	0.4331	35
26	0.2949	0.3140	0.3333	0.3528	0.3726	0.3926	0.4129	0.4334	34
27	0.2953	0.3143	0.3336	0.3531	0.3729	0.3929	0.4132	0.4338	33
28	0.2956	0.3147	0.3339	0.3535	0.3732	0.3932	0.4135	0.4341	32
29	0.2959	0.3150	0.3343	0.3538	0.3736	0.3936	0.4139	0.4345	31
30	0.2962	0.3153	0.3346	0.3541	0.3739	0.3939	0.4142	0.4348	30
31	0.2965	0.3156	0.3349	0.3544	0.3742	0.3942	0.4146	0.4352	29
32	0.2968	0.3159	0.3352	0.3548	0.3745	0.3946	0.4149	0.4355	28
33	0.2972	0.3163	0.3356	0.3551	0.3749	0.3949	0.4152	0.4359	27
34	0.2975	0.3166	0.3359	0.3554	0.3752	0.3953	0.4156	0.4362	26
35	0.2978	0.3169	0.3362	0.3558	0.3755	0.3956	0.4159	0.4365	25
36	0.2981	0.3172	0.3365	0.3561	0.3759	0.3959	0.4163	0.4369	24
37	0.2984	0.3175	0.3369	0.3564	0.3762	0.3963	0.4166	0.4372	23
38	0.2987	0.3179	0.3372	0.3567	0.3765	0.3966	0.4169	0.4376	22
39	0.2991	0.3182	0.3375	0.3571	0.3769	0.3969	0.4173	0.4379	21
40	0.2994	0.3185	0.3378	0.3574	0.3772	0.3973	0.4176	0.4383	20
41	0.2997	0.3188	0.3382	0.3577	0.3775	0.3976	0.4180	0.4386	19
42	0.3000	0.3191	0.3385	0.3581	0.3779	0.3979	0.4183	0.4390	18
43	0.3003	0.3195	0.3388	0.3584	0.3782	0.3983	0.4187	0.4393	17
44	0.3006	0.3198	0.3391	0.3587	0.3785	0.3986	0.4190	0.4397	16
45	0.3010	0.3201	0.3395	0.3590	0.3789	0.3990	0.4193	0.4400	15
46	0.3013	0.3204	0.3398	0.3594	0.3792	0.3993	0.4197	0.4404	14
47	0.3016	0.3207	0.3401	0.3597	0.3795	0.3996	0.4200	0.4407	13
48	0.3019	0.3211	0.3404	0.3600	0.3799	0.4000	0.4204	0.4411	12
49	0.3022	0.3214	0.3408	0.3604	0.3802	0.4003	0.4207	0.4414	11
50	0.3026	0.3217	0.3411	0.3607	0.3805	0.4006	0.4210	0.4417	10
51	0.3029	0.3220	0.3414	0.3610	0.3809	0.4010	0.4214	0.4421	9
52	0.3032	0.3223	0.3417	0.3613	0.3812	0.4013	0.4217	0.4424	8
53	0.3035	0.3227	0.3421	0.3617	0.3815	0.4017	0.4221	0.4428	7
54	0.3038	0.3230	0.3424	0.3620	0.3819	0.4020	0.4224	0.4431	6
55	0.3041	0.3233	0.3427	0.3623	0.3822	0.4023	0.4228	0.4435	5
56	0.3045	0.3236	0.3430	0.3627	0.3825	0.4027	0.4231	0.4438	4
57	0.3048	0.3240	0.3434	0.3630	0.3829	0.4030	0.4234	0.4442	3
58	0.3051	0.3243	0.3437	0.3633	0.3832	0.4033	0.4238	0.4445	2
59	0.3054	0.3246	0.3440	0.3636	0.3835	0.4037	0.4241	0.4449	1
60	0.3057	0.3249	0.3443	0.3640	0.3839	0.4040	0.4245	0.4452	0
′	73 Grad	72 Gr.	71 Gr.	70 Gr.	69 Gr.	68 Gr.	67 Gr.	66 Grad	M.

Länge der Cotangente.

II. Tafel. Länge der Tangente.

M.	24 Grad	25 Gr.	26 Gr.	27 Gr.	28 Gr.	29 Gr.	30 Gr.	31 Gr.	′
0	0.4452	0.4663	0.4877	0.5095	0.5317	0.5543	0.5774	0.6009	60
1	0.4456	0.4667	0.4881	0.5099	0.5321	0.5547	0.5777	0.6013	59
2	0.4459	0.4670	0.4885	0.5103	0.5325	0.5551	0.5781	0.6017	58
3	0.4463	0.4674	0.4888	0.5106	0.5328	0.5555	0.5785	0.6020	57
4	0.4466	0.4677	0.4892	0.5110	0.5332	0.5558	0.5789	0.6024	56
5	0.4470	0.4681	0.4895	0.5114	0.5336	0.5562	0.5793	0.6028	55
6	0.4473	0.4684	0.4899	0.5117	0.5340	0.5566	0.5797	0.6032	54
7	0.4477	0.4688	0.4903	0.5121	0.5343	0.5570	0.5801	0.6036	53
8	0.4480	0.4691	0.4906	0.5125	0.5347	0.5574	0.5805	0.6040	52
9	0.4484	0.4695	0.4910	0.5128	0.5351	0.5577	0.5808	0.6044	51
10	0.4487	0.4699	0.4913	0.5132	0.5354	0.5581	0.5812	0.6048	50
11	0.4491	0.4702	0.4917	0.5136	0.5358	0.5585	0.5816	0.6052	49
12	0.4494	0.4706	0.4921	0.5139	0.5362	0.5589	0.5820	0.6056	48
13	0.4498	0.4709	0.4924	0.5143	0.5366	0.5593	0.5824	0.6060	47
14	0.4501	0.4713	0.4928	0.5147	0.5369	0.5596	0.5828	0.6064	46
15	0.4505	0.4716	0.4931	0.5150	0.5373	0.5600	0.5832	0.6068	45
16	0.4508	0.4720	0.4935	0.5154	0.5377	0.5604	0.5836	0.6072	44
17	0.4512	0.4723	0.4939	0.5158	0.5381	0.5608	0.5840	0.6076	43
18	0.4515	0.4727	0.4942	0.5161	0.5384	0.5612	0.5844	0.6080	42
19	0.4519	0.4731	0.4946	0.5165	0.5388	0.5616	0.5847	0.6084	41
20	0.4522	0.4734	0.4950	0.5169	0.5392	0.5619	0.5851	0.6088	40
21	0.4526	0.4738	0.4953	0.5172	0.5396	0.5623	0.5855	0.6092	39
22	0.4529	0.4741	0.4957	0.5176	0.5399	0.5627	0.5859	0.6096	38
23	0.4533	0.4745	0.4960	0.5180	0.5403	0.5631	0.5863	0.6100	37
24	0.4536	0.4748	0.4964	0.5184	0.5407	0.5635	0.5867	0.6104	36
25	0.4540	0.4752	0.4968	0.5187	0.5411	0.5639	0.5871	0.6108	35
26	0.4543	0.4755	0.4971	0.5191	0.5415	0.5642	0.5875	0.6112	34
27	0.4547	0.4759	0.4975	0.5195	0.5418	0.5646	0.5879	0.6116	33
28	0.4550	0.4763	0.4979	0.5198	0.5422	0.5650	0.5883	0.6120	32
29	0.4554	0.4766	0.4982	0.5202	0.5426	0.5654	0.5887	0.6124	31
30	0.4557	0.4770	0.4986	0.5206	0.5430	0.5658	0.5890	0.6128	30
31	0.4561	0.4773	0.4989	0.5209	0.5433	0.5662	0.5894	0.6132	29
32	0.4564	0.4777	0.4993	0.5213	0.5437	0.5665	0.5898	0.6136	28
33	0.4568	0.4780	0.4997	0.5217	0.5441	0.5669	0.5902	0.6140	27
34	0.4571	0.4784	0.5000	0.5220	0.5445	0.5673	0.5906	0.6144	26
35	0.4575	0.4788	0.5004	0.5224	0.5448	0.5677	0.5910	0.6148	25
36	0.4578	0.4791	0.5008	0.5228	0.5452	0.5681	0.5914	0.6152	24
37	0.4582	0.4795	0.5011	0.5232	0.5456	0.5685	0.5918	0.6156	23
38	0.4585	0.4798	0.5015	0.5235	0.5460	0.5688	0.5922	0.6160	22
39	0.4589	0.4802	0.5019	0.5239	0.5464	0.5692	0.5926	0.6164	21
40	0.4592	0.4806	0.5022	0.5243	0.5467	0.5696	0.5930	0.6168	20
41	0.4596	0.4809	0.5026	0.5246	0.5471	0.5700	0.5934	0.6172	19
42	0.4599	0.4813	0.5029	0.5250	0.5475	0.5704	0.5938	0.6176	18
43	0.4603	0.4816	0.5033	0.5254	0.5479	0.5708	0.5942	0.6180	17
44	0.4607	0.4820	0.5037	0.5258	0.5482	0.5712	0.5945	0.6184	16
45	0.4610	0.4823	0.5040	0.5261	0.5486	0.5715	0.5949	0.6188	15
46	0.4614	0.4827	0.5044	0.5265	0.5490	0.5719	0.5953	0.6192	14
47	0.4617	0.4831	0.5048	0.5269	0.5494	0.5723	0.5957	0.6196	13
48	0.4621	0.4834	0.5051	0.5272	0.5498	0.5727	0.5961	0.6200	12
49	0.4624	0.4838	0.5055	0.5276	0.5501	0.5731	0.5965	0.6204	11
50	0.4628	0.4841	0.5059	0.5280	0.5505	0.5735	0.5969	0.6208	10
51	0.4631	0.4845	0.5062	0.5284	0.5509	0.5739	0.5973	0.6212	9
52	0.4635	0.4849	0.5066	0.5287	0.5513	0.5743	0 5977	0.6216	8
53	0.4638	0.4852	0.5070	0.5291	0.5517	0.5746	0.5981	0.6220	7
54	0.4642	0.4856	0.5073	0.5295	0.5520	0.5750	0.5985	0.6224	6
55	0.4645	0.4859	0.5077	0.5298	0.5524	0.5754	0.5989	0.6228	5
56	0.4649	0.4863	0.5081	0.5302	0.5528	0.5758	0.5993	0.6233	4
57	0.4652	0.4867	0.5084	0.5306	0.5532	0.5762	0.5997	0.6237	3
58	0.4656	0.4870	0.5088	0.5310	0.5535	0.5766	0.6001	0.6241	2
59	0.4660	0.4874	0.5092	0.5313	0.5539	0.5770	0.6005	0.6245	1
60	0.4663	0.4877	0.5095	0.5317	0.5543	0.5774	0.6009	0.6249	0
′	65 Grad	64 Gr.	63 Gr.	62 Gr.	61 Gr.	60 Gr.	59 Gr.	58 Grad	M.

Länge der Cotangente.

II. Tafel. Länge der Tangente.

M.	32 Grad	33 Gr.	34 Gr.	35 Gr.	36 Gr.	37 Gr.	38 Gr.	39 Gr.	′
0	0.6249	0.6494	0.6745	0.7002	0.7265	0.7536	0.7813	0.8098	60
1	0.6253	0.6498	0.6749	0.7006	0.7270	0.7540	0.7818	0.8103	59
2	0.6257	0.6502	0.6754	0.7011	0.7274	0.7545	0.7822	0.8107	58
3	0.6261	0.6506	0.6758	0.7015	0.7279	0.7549	0.7827	0.8112	57
4	0.6265	0.6511	0.6762	0.7019	0.7283	0.7554	0.7832	0.8117	56
5	0.6269	0.6515	0.6766	0.7024	0.7288	0.7558	0.7836	0.8122	55
6	0.6273	0.6519	0.6771	0.7028	0.7292	0.7563	0.7841	0.8127	54
7	0.6277	0.6523	0.6775	0.7032	0.7297	0.7568	0.7846	0.8132	53
8	0.6281	0.6527	0.6779	0.7037	0.7301	0.7572	0.7850	0.8136	52
9	0.6285	0.6531	0.6783	0.7041	0.7306	0.7577	0.7855	0.8141	51
10	0.6289	0.6536	0.6787	0.7046	0.7310	0.7581	0.7860	0.8146	50
11	0.6293	0.6540	0.6792	0.7050	0.7314	0.7586	0.7865	0.8151	49
12	0.6297	0.6544	0.6796	0.7054	0.7319	0.7590	0.7869	0.8156	48
13	0.6301	0.6548	0.6800	0.7059	0.7323	0.7595	0.7874	0.8161	47
14	0.6305	0.6552	0.6805	0.7063	0.7328	0.7600	0.7879	0.8165	46
15	0.6310	0.6556	0.6809	0.7067	0.7332	0.7604	0.7883	0.8170	45
16	0.6314	0.6560	0.6813	0.7072	0.7337	0.7609	0.7888	0.8175	44
17	0.6318	0.6565	0.6817	0.7076	0.7341	0.7613	0.7893	0.8180	43
18	0.6322	0.6569	0.6822	0.7080	0.7346	0.7618	0.7898	0.8185	42
19	0.6326	0.6573	0.6826	0.7085	0.7350	0.7623	0.7902	0.8190	41
20	0.6330	0 6577	0.6830	0.7089	0.7355	0.7627	0.7907	0.8195	40
21	0.6334	0.6581	0.6834	0.7094	0.7359	0.7632	0.7912	0.8199	39
22	0.6338	0.6585	0.6839	0.7098	0.7364	0.7636	0.7916	0.8204	38
23	0.6342	0.6590	0.6843	0.7102	0.7368	0.7641	0.7921	0.8209	37
24	0.6346	0.6594	0.6847	0.7107	0.7373	0.7646	0.7926	0.8214	36
25	0.6350	0.6598	0.6851	0.7111	0.7377	0.7650	0.7931	0.8219	35
26	0.6354	0.6602	0.6856	0.7115	0.7382	0.7655	0.7935	0.8224	34
27	0.6358	0.6606	0.6860	0.7120	0.7386	0.7659	0.7940	0.8229	33
28	0.6363	0.6610	0.6864	0.7124	0.7391	0.7664	0.7945	0.8234	32
29	0.6367	0.6615	0.6869	0.7129	0.7395	0.7669	0.7950	0.8238	31
30	0.6371	0.6619	0.6873	0.7133	0.7400	0.7673	0.7954	0.8243	30
31	0.6375	0.6623	0.6877	0.7137	0.7404	0.7678	0.7959	0.8248	29
32	0.6379	0.6627	0.6881	0.7142	0.7409	0.7683	0.7964	0.8253	28
33	0.6383	0.6631	0.6886	0.7146	0.7413	0.7687	0.7969	0.8258	27
34	0.6387	0.6636	0.6890	0.7151	0.7418	0.7692	0.7973	0.8263	26
35	0.6391	0.6640	0.6894	0.7155	0.7422	0.7696	0.7978	0.8268	25
36	0.6395	0.6644	0.6899	0.7159	0.7427	0.7701	0.7983	0.8273	24
37	0.6399	0.6648	0.6903	0.7164	0.7431	0.7706	0.7988	0.8278	23
38	0.6403	0.6652	0.6907	0.7168	0.7436	0.7710	0.7992	0.8283	22
39	0.6408	0.6657	0.6911	0.7173	0.7440	0.7715	0.7997	0.8287	21
40	0.6412	0.6661	0.6916	0.7177	0.7445	0.7720	0.8002	0.8292	20
41	0.6416	0.6665	0.6920	0.7181	0.7449	0.7724	0.8007	0.8297	19
42	0.6420	0 6669	0.6924	0.7186	0.7454	0.7729	0.8012	0.8302	18
43	0.6424	0.6673	0.6929	0.7190	0.7458	0.7734	0.8016	0.8307	17
44	0.6428	0.6678	0.6933	0.7195	0.7463	0.7738	0.8021	0.8312	16
45	0.6432	0.6682	0.6937	0.7199	0.7467	0.7743	0.8026	0.8317	15
46	0.6436	0 6686	0.6942	0.7203	0.7472	0.7747	0.8031	0.8322	14
47	0.6440	0.6690	0.6946	0.7208	0.7476	0.7752	0.8035	0.8327	13
48	0.6445	0.6694	0.6950	0.7212	0.7481	0.7757	0.8040	0.8332	12
49	0.6449	0.6699	0.6954	0.7217	0.7485	0.7761	0.8045	0.8337	11
50	0.6453	0.6703	0.6959	0.7221	0.7490	0.7766	0.8050	0.8342	10
51	0.6457	0.6707	0.6963	0.7226	0.7495	0.7771	0.8055	0.8346	9
52	0.6461	0.6711	0.6967	0.7230	0.7499	0.7775	0.8059	0.8351	8
53	0.2465	0.6716	0.6972	0.7234	0.7504	0.7780	0.8064	0.8356	7
54	0.6469	0.6720	0.6976	0.7239	0.7508	0.7785	0.8069	0.8361	6
55	0.6473	0.6724	0.6980	0.7243	0.7513	0.7789	0.8074	0.8366	5
56	0.6478	0.6728	0.6985	0.7248	0.7517	0.7794	0.8079	0.8371	4
57	0.6482	0.6732	0.6989	0.7252	0.7522	0.7799	0.8083	0.8376	3
58	0.6486	0.6737	0.6993	0.7257	0.7526	0.7803	0.8088	0.8381	2
59	0.6490	0.6741	0.6998	0.7261	0.7531	0.7808	0.8093	0.8386	1
60	0.6494	0.6745	0.7002	0.7265	0.7536	0.7813	0.8098	0.8391	0
′	57 Grad	56 Gr.	55 Gr.	54 Gr.	53 Gr.	52 Gr.	51 Gr.	50 Grad	M.

Länge der Cotangente.

II. Tafel. Länge der Tangente.

M.	40 Grad	41 Gr.	42 Gr.	43 Gr.	44 Gr.	45 Gr.	46 Gr.	47 Gr.	′
0	0.8391	0.8693	0.9004	0.9325	0.9657	1.0000	1.0355	1.0724	60
1	0.8396	0.8698	0.9009	0.9331	0.9663	1.0006	1.0361	1.0730	59
2	0.8401	0.8703	0.9015	0.9336	0.9668	1.0012	1.0367	1.0736	58
3	0.8406	0.8708	0.9020	0.9341	0.9674	1.0017	1.0373	1 0742	57
4	0.8411	0.8713	0.9025	0.9347	0.9679	1.0023	1.0379	1.0749	56
5	0.8416	0.8718	0.9030	0.9352	0.9685	1.0029	1.0385	1.0755	55
6	0.8421	0.8724	0.9036	0.9358	0.9691	1.0035	1.0392	1.0761	54
7	0.8426	0.8729	0.9041	0.9363	0.9696	1.0041	1.0398	1.0768	53
8	0.8431	0.8734	0.9046	0.9369	0.9702	1.0047	1.0404	1.0774	52
9	0.8436	0.8739	0.9052	0.9374	0.9708	1.0052	1.0410	1.0780	51
10	0.8441	0.8744	0.9057	0.9380	0.9713	1.0058	1.0416	1.0786	50
11	0.8446	0.8749	0.9062	0.9385	0.9719	1.0064	1.0422	1.0793	49
12	0.8451	0.8754	0.9067	0.9391	0.9725	1.0070	1.0428	1.0799	48
13	0.8456	0.8759	0.9073	0.9396	0.9730	1.0076	1.0434	1.0805	47
14	0.8461	0.8765	0.9078	0.9402	0.9736	1.0082	1.0440	1.0812	46
15	0.8466	0.8770	0.9083	0.9407	0.9742	1.0088	1.0446	1.0818	45
16	0.8471	0.8775	0.9089	0.9413	0.9747	1 0094	1.0452	1.0824	44
17	0.8476	0.8780	0.9094	0.9418	0.9753	1.0099	1.0458	1.0831	43
18	0.8481	0.8785	0.9099	0.9424	0.9759	1.0105	1.0464	1.0837	42
19	0.8486	0.8790	0.9105	0.9429	0.9764	1.0111	1.0470	1.0843	41
20	0.8491	0.8796	0.9110	0.9435	0.9770	1.0117	1.0477	1.0850	40
21	0.8496	0.8801	0.9115	0.9440	0.9776	1.0123	1.0483	1.0856	39
22	0.8501	0.8806	0.9121	0.9446	0.9781	1.0129	1.0489	1.0862	38
23	0.8506	0.8811	0.9126	0.9451	0.9787	1.0135	1.0495	1.0869	37
24	0.8511	0.8816	0.9131	0.9457	0.9793	1.0141	1.0501	1.0875	36
25	0.8516	0.8821	0.9137	0.9462	0.9798	1.0147	1.0507	1.0881	35
26	0.8521	0.8827	0.9142	0.9468	0.9804	1.0152	1.0513	1.0888	34
27	0.8526	0.8832	0.9147	0.9473	0.9810	1.0158	1.0519	1.0894	33
28	0.8531	0.8837	0.9153	0.9479	0.9816	1.0164	1.0526	1.0900	32
29	0.8536	0.8842	0.9158	0.9484	0.9821	1.0170	1.0532	1.0907	31
30	0.8541	0.8847	0.9163	0.9490	0.9827	1.0176	1.0538	1.0913	30
31	0.8546	0.8852	0.9169	0.9495	0.9833	1.0182	1.0544	1.0919	29
32	0.8551	0.8858	0.9174	0.9501	0.9838	1.0188	1.0550	1.0926	28
33	0.8556	0.8863	0.9179	0.9506	0.9844	1.0194	1.0556	1.0932	27
34	0.8561	0.8868	0.9185	0.9512	0.9850	1.0200	1.0562	1.0939	26
35	0.8566	0.8873	0.9190	0.9517	0.9856	1.0206	1.0569	1.0945	25
36	0.8571	0.8878	0.9195	0.9523	0.9861	1.0212	1.0575	1.0951	24
37	0.8576	0.8884	0.9201	0.9528	0.9867	1.0218	1.0581	1.0958	23
38	0.8581	0.8889	0.9206	0.9534	0.9873	1.0224	1.0587	1.0964	22
39	0.8586	0.8894	0.9212	0.9540	0.9879	1.0230	1.0593	1.0971	21
40	0.8591	0.8899	0.9217	0.9545	0.9884	1.0235	1.0599	1.0977	20
41	0.8596	0.8904	0.9222	0.9551	0.9890	1.0241	1.0606	1.0983	19
42	0.8601	0.8910	0.9228	0.9556	0.9896	1.0247	1.0612	1.0990	18
43	0.8606	0.8915	0.9233	0.9562	0.9902	1.0253	1.0618	1.0996	17
44	0.8611	0.8920	0.9239	0.9567	0.9907	1.0259	1.0624	1.1003	16
45	0.8617	0.8925	0.9244	0.9573	0.9913	1.0265	1.0630	1.1009	15
46	0.8622	0.8931	0.9249	0.9578	0.9919	1.0271	1.0637	1.1016	14
47	0.8627	0.8936	0.9255	0.9584	0.9925	1.0277	1.0643	1.1022	13
48	0.8632	0.8941	0.9260	0.9590	0.9930	1 0283	1.0649	1.1028	12
49	0.8637	0.8946	0.9266	0.9595	0.9936	1.0289	1.0655	1.1035	11
50	0.8642	0.8952	0.9271	0.9601	0.9942	1.0295	1.0661	1.1041	10
51	0.8647	0.8957	0.9276	0.9606	0.9948	1.0301	1.0668	1.1048	9
52	0.8652	0.8962	0.9282	0.9612	0.9954	1.0307	1.0674	1.1054	8
53	0.8657	0.8967	0.9287	0.9618	0.9959	1.0313	1.0680	1.1061	7
54	0.8662	0.8972	0.9293	0.9623	0.9965	1.0319	1.0686	1.1067	6
55	0.8667	0.8978	0.9298	0.9629	0.9971	1.0325	1.0692	1.1074	5
56	0.8672	0.8983	0.9303	0.9634	0.9977	1.0331	1.0699	1.1080	4
57	0.8678	0.8988	0.9309	0.9640	0.9983	1.0337	1.0705	1.1087	3
58	0.8683	0.8994	0.9314	0.9646	0.9988	1.0343	1.0711	1.1093	2
59	0.8688	0.8999	0.9320	0.9651	0.9994	1.0349	1.0717	1.1100	1
60	0.8693	0.9004	0.9325	0.9657	1.0000	1.0355	1.0724	1.1106	0
′	49 Grad	48 Gr.	47 Gr.	46 Gr.	45 Gr.	44 Gr.	43 Gr.	42 Grad	M.

Länge der Cotangente.

III. Tafel. Winkelgrößen auf der Horizontal-Sonnenuhr.

Vormitt.	Nachmitt.	p=44°5'	p=44°15'	p=44°25'	p=44°35'	p=44°45'	p=44°55'	M.D. 1'
St. M.	St. M.	Gr. M.	Gr. M.	Gr. M.	Gr. M.	Gr. M.	Gr. M.	M.
11 55	0 5	0 52.18	0 52.34	0 52.49	0 52.65	0 52.80	0 52.96	0.016
11 50	0 10	1 44.39	1 44.70	1 45.01	1 45.32	1 45.63	1 45.94	0.031
11 45	0 15	2 36.65	2 37.12	2 37.58	2 38.05	2 38.52	2 38.98	0.047
11 40	0 20	3 28.98	3 29.61	3 30.23	3 30.85	3 31.47	3 32.09	0.062
11 35	0 25	4 21.42	4 22.20	4 22.98	4 23.76	4 24.53	4 25.30	0,078
11 30	0 30	5 13.99	5 14.93	5 15,86	5 16.79	5 17.72	5 18.65	0.093
11 25	0 35	6 6.71	6 7.80	6 8.89	6 9.98	6 11.06	6 12.14	0.109
11 20	0 40	6 59.62	7 0.86	7 2.10	7 3.34	7 4.58	7 5.81	0.124
11 15	0 45	7 52.73	7 54.13	7 55.52	7 56.91	7 58.30	7 59.68	0.139
11 10	0 50	8 46.07	8 47.62	8 49.17	8 50.72	8 52.26	8 53.79	0.155
11 5	0 55	9 39.67	9 41.38	9 43.08	9 44.78	9 46.47	9 48.15	0.170
11 0	1 0	10 33.57	10 35.43	10 37.28	10 39.12	10 40.96	10 42.79	0.184
10 55	1 5	11 27.77	11 29.78	11 31.78	11 33 78	11 35.77	11 37.75	0.200
10 50	1 10	12 22.33	12 24.48	12 26.64	12 28.78	12 30.92	12 33.85	0.214
10 45	1 15	13 17.25	13 19.55	13 21.85	13 24.14	13 26.43	13 28.71	0.229
10 40	1 20	14 12.57	14 15.02	14 17.47	14 19.90	14 22.33	14 24.75	0.243
10 35	1 25	15 8.32	15 10.92	15 13.51	15 16.09	15 18.66	15 21.23	0.258
10 30	1 30	16 4.52	16 7.26	16 10.00	16 12.72	16 15.44	16 18.15	0.272
10 25	1 35	17 1.21	17 4.10	17 6.97	17 9.84	17 12.69	17 15.54	0.287
10 20	1 40	17 58.42	18 1.44	18 4.46	18 7.47	18 10.46	18 13.44	0.301
10 15	1 45	18 56.17	18 59.34	19 2.49	19 5.63	19 8.76	19 11.88	0.314
10 10	1 50	19 54.50	19 57.80	20 1.09	20 4.37	20 7.63	20 10.88	0.328
10 5	1 55	20 53.44	20 56.87	21 0.29	21 3.70	21 7.10	21 10.48	0.341
10 0	2 0	21 53.01	21 56.58	22 0.13	22 3.67	22 7.19	22 10.70	0.354
9 55	2 5	22 53.26	22 56.95	23 0.63	23 4.29	23 7.95	23 11.58	0.366
9 50	2 10	23 54.21	23 58.03	24 1.83	24 5.62	24 9.39	24 13.15	0.379
9 45	2 15	24 55.89	24 59.83	25 3.76	25 7.67	25 11.56	25 15.44	0.391
9 40	2 20	25 58.34	26 2.40	26 6.44	26 10.47	26 14.48	26 18.47	0.403
9 35	2 25	27 1.60	27 5.77	27 9.92	27 14.06	27 18.18	27 22.28	0.414
9 30	2 30	28 5.68	28 9.96	28 14.23	28 18.47	28 22.70	28 26.91	0.424
9 25	2 35	29 10.64	29 15.02	29 19.39	29 23.74	29 28.07	29 32.38	0.435
9 20	2 40	30 16.49	30 20.97	30 25.44	30 29.89	30 34.32	30 38.72	0.445
9 15	2 45	31 23.28	31 27.86	31 32.42	31 36.96	31 41,48	31 45.98	0.454
9 10	2 50	32 31.04	32 35.71	32 40.36	32 44.98	32 49.59	32 54.17	0.462
9 5	2 55	33 39.80	33 44.55	33 49.28	33 53.98	33 58.67	34 3.34	0.470
9 0	3 0	34 49.59	34 54.42	34 59.22	35 4.00	35 8.76	35 13.50	0.478
8 55	3 5	36 0.45	36 5.35	36 10.22	36 15.07	36 19.90	36 24.70	0.485
8 50	3 10	37 12.40	37 17.36	37 22.30	37 27.21	37 32.10	37 36.96	0.491
8 45	3 15	38 25.49	38 30.51	38 35.50	38 40.46	38 45.40	38 50.31	0.496
8 40	3 20	39 39.74	39 44.80	39 49.83	39 54.84	39 59.82	40 4.77	0.501
8 35	3 25	40 55.18	41 0.28	41 5.35	41 10.39	41 15.40	41 20.39	0.504
8 30	3 30	42 11.84	42 16.96	42 22.05	42 27.12	42 32.16	42 37.17	0.507
8 25	3 35	43 29.74	43 34.88	43 39.99	43 45.07	43 50.13	43 55.15	0.508
8 20	3 40	44 48.91	44 54.05	44 59.17	45 4.26	45 9.32	45 14.35	0.509
8 15	3 45	46 9.37	46 14.51	46 19.62	46 24.71	46 29.76	46 34.78	0.509
8 10	3 50	47 31.14	47 36.27	47 41.36	47 46.43	47 51.46	47 56.47	0.507
8 5	3 55	48 54.24	48 59.34	49 4.41	49 9.44	49 14.44	49 19.42	0.503
8 0	4 0	50 18.68	50 23.74	50 28.77	50 33.76	50 38.72	50 43.66	0.499

III. Tafel. Winkelgrößen auf der Horizontal-Sonnenuhr.

Vormitt.	Nachmitt.	p = 44° 5′	p = 44° 15′	p = 44° 25′	p = 44° 35′	p = 44° 45′	p = 44° 55′	M. D. 1′
St. M.	St. M.	Gr. M.	Gr. M.	Gr. M.	Gr. M.	Gr. M.	Gr. M.	M.
7 55	4 5	51 44.48	51 49.48	51 54.45	51 59.39	52 4.30	52 9.18	0.494
7 50	4 10	53 11.64	53 16.57	53 21.48	53 26.35	53 31.19	53 35.99	0.487
7 45	4 15	54 40.16	54 45.01	54 49.83	54 54.62	54 59.38	55 4.10	0.479
7 40	4 20	56 10.04	56 14.79	56 19.52	56 24.22	56 28.88	56 33.51	0.470
7 35	4 25	57 41.28	57 45.92	57 50.54	57 55.12	57 59.67	58 4.19	0.458
7 30	4 30	59 13.86	59 18.38	59 22.87	59 27.32	59 31.75	59 36.14	0.445
7 25	4 35	60 47.76	60 52.14	60 56.49	61 0.81	61 5.09	61 9.35	0.432
7 20	4 40	62 22.97	62 27.20	62 31.39	62 35.55	62 39.68	62 43.78	0.416
7 15	4 45	63 59.45	64 3.51	64 7.53	64 11.52	64 15.48	64 19.41	0.399
7 10	4 50	65 37.17	65 41.04	65 44.88	65 48.68	65 52.46	65 56.21	0.380
7 5	4 55	67 16.09	67 19.75	67 23.39	67 27.00	67 30.58	67 34.13	0.361
7 0	5 0	68 56.15	68 59.60	69 3.02	69 6.42	69 9.78	69 13.12	0.340
6 55	5 5	70 37.31	70 40.53	70 43.72	70 46.88	70 50.03	70 53.14	0.316
6 50	5 10	72 19.49	72 22.47	72 25.42	72 28.34	72 31.24	72 34.12	0.292
6 45	5 15	74 2.64	74 5.35	74 8.05	74 10.72	74 13.37	74 16.00	0.267
6 40	5 20	75 46.67	75 49.11	75 51.54	75 53.95	75 56.34	75 58.71	0.241
6 35	5 25	77 31.50	77 33.67	77 35.82	77 37.95	77 40.07	77 42.16	0.213
6 30	5 30	79 17.05	79 18.93	79 20.79	79 22.64	79 24.47	79 26.29	0.185
6 25	5 35	81 3.23	81 4.81	81 6.38	81 7.93	81 9.47	81 10.99	0.155
6 20	5 40	82 49.94	82 51.21	82 52.48	82 53.72	82 54.96	82 56.19	0.124
6 15	5 45	84 37.08	84 38.04	84 38.99	84 39.93	84 40.87	84 41.79	0.094
6 10	5 50	86 24.54	86 25.18	86 25.81	86 26.44	86 27.07	86 27.69	0.063
6 5	5 55	88 12.21	88 12.53	88 12.85	88 13.17	88 13.48	88 13.79	0.032
6 0	6 0	90 0.00	90 0.00	90 0.00	90 0.00	90 0.00	90 0.00	0.000
5 55	6 5	91 47.79	91 47.47	91 47.15	91 46.83	91 46.52	91 46.21	0.032
5 50	6 10	93 35.46	93 34.82	93 34.19	93 33.56	93 32.93	93 32.31	0.063
5 45	6 15	95 22.92	95 21.96	95 21.01	95 20.07	95 19.13	95 18.21	0.094
5 40	6 20	97 10.06	97 8.79	97 7.52	97 6.28	97 5.04	97 3.81	0.124
5 35	6 25	98 56.77	98 55.19	98 53.62	98 52.07	98 50.53	98 49.01	0.155
5 30	6 30	100 42.95	100 41.07	100 39.21	100 37.36	100 35.53	100 33.71	0.185
5 25	6 35	102 28.50	102 26.33	102 24.18	102 22.05	102 19.93	102 17.84	0.213
5 20	6 40	104 13.33	104 10.89	104 8.46	104 6.05	104 3.66	104 1.29	0.241
5 15	6 45	105 57.36	105 54.65	105 51.95	105 49.28	105 46.63	105 44.00	0.267
5 10	6 50	107 40.51	107 37.53	107 34.58	107 31.66	107 28.76	107 25.88	0.292
5 5	6 55	109 22.69	109 19.47	109 16.28	109 13.12	109 9.97	109 6.86	0.316
5 0	7 0	111 3.85	111 0.40	110 56.98	110 53.58	110 50.22	110 46.88	0.340
4 55	7 5	112 43.91	112 40.25	112 36.61	112 33.00	112 29.42	112 25.87	0.361
4 50	7 10	114 22.83	114 18.96	114 15.12	114 11.32	114 7.54	114 3.79	0.380
4 45	7 15	116 0.55	115 56.49	115 52.47	115 48.48	115 44.52	115 40.59	0.399
4 40	7 20	117 37.03	117 32.80	117 28.61	117 24.45	117 20.32	117 16.22	0.416
4 35	7 25	119 12.24	119 7.86	119 3.51	118 59.19	118 54.91	118 50.65	0.432
4 30	7 30	120 46.14	120 41.62	120 37.13	120 32.68	120 28.25	120 23.86	0.445
4 25	7 35	122 18.72	122 14.08	122 9.46	122 4.88	122 0.33	121 55.81	0.458
4 20	7 40	123 49.96	123 45.21	123 40.48	123 35.78	123 31.12	123 26.49	0.470
4 15	7 45	125 19.84	125 14.99	125 10.17	125 5.38	125 0.62	124 55.90	0.479
4 10	7 50	126 48.36	126 43.43	126 38.52	126 33.65	126 28.81	126 24.01	0.487
4 5	7 55	128 15.52	128 10.52	128 5.55	128 0.61	127 55.70	127 50.82	0.494
4 0	8 0	129 41.32	129 36.26	129 31.23	129 26.24	129 21.28	129 16.34	0.499

III. Tafel. Winkelgrößen auf der Horizontal-Sonnenuhr.

Vormitt.	Nachmitt.	p = 45° 5′	p = 45° 15′	p = 45° 25′	p = 45° 35′	p = 45° 45′	p = 45° 55′	M. D. 1′
St. M.	St. M.	Gr. M.	Gr. M.	Gr. M.	Gr. M.	Gr. M.	Gr. M.	M.
11 55	0 5	0 53.11	0 53.27	0 53.42	0 53.57	0 53.73	0 53.88	0.015
11 50	0 10	1 46.26	1 46.56	1 46.87	1 47.17	1 47.48	1 47.78	0.030
11 45	0 15	2 39.44	2 39.90	2 40.36	2 40.82	2 41.28	2 41.74	0.046
11 40	0 20	3 32.71	3 33.32	3 33.94	3 34.55	3 35.16	3 35.76	0.061
11 35	0 25	4 26.07	4 26.84	4 27.61	4 28.37	4 29.13	4 29.89	0.076
11 30	0 30	5 19.57	5 20.49	5 21.41	5 22.32	5 23.24	5 24.14	0.091
11 25	0 35	6 13.22	6 14.29	6 15.36	6 16.42	6 17.48	6 18.54	0.106
11 20	0 40	7 7.04	7 8.26	7 9.48	7 10.70	7 11.91	7 13.12	0.122
11 15	0 45	8 1.07	8 2.44	8 3.81	8 5.18	8 6.54	8 7.90	0.137
11 10	0 50	8 55.32	8 56.85	8 58.37	8 59.89	9 1.40	9 2.90	0.152
11 5	0 55	9 49.83	9 51.51	9 53.18	9 54.84	9 56.50	9 58.15	0.166
11 0	1 0	10 44.63	10 46.45	10 48.27	10 50.08	10 51.89	10 53.69	0.181
10 55	1 5	11 39.73	11 41.70	11 43.67	11 45.63	11 47.58	11 49.52	0.196
10 50	1 10	12 35.17	12 37.29	12 39.40	12 41.50	12 43.60	12 45.69	0.210
10 45	1 15	13 30.98	13 33.24	13 35.49	13 37.74	13 39.98	13 42.21	0.225
10 40	1 20	14 27.17	14 29.58	14 31.97	14 34.36	14 36.75	14 39.12	0.239
10 35	1 25	15 23.79	15 26.33	15 28.87	15 31.40	15 33.93	15 36.44	0.253
10 30	1 30	16 20.84	16 23.53	16 26.21	16 28.88	16 31.54	16 34.20	0.267
10 25	1 35	17 18.38	17 21.21	17 24.02	17 26.83	17 29.63	17 32.42	0.281
10 20	1 40	18 16.42	18 19.38	18 22.34	18 25.28	18 28.21	18 31.13	0.294
10 15	1 45	19 14.99	19 18.09	19 21.18	19 24.25	19 27.32	19 30.37	0.307
10 10	1 50	20 14.13	20 17.36	20 20.58	20 23.78	20 26.98	20 30.16	0.320
10 5	1 55	21 13.86	21 17.22	21 20.56	21 23.90	21 27.22	21 30.53	0.334
10 0	2 0	22 14.21	22 17.69	22 21.17	22 24.63	22 28.07	22 31.51	0.346
9 55	2 5	23 15.21	23 18.82	23 22.42	23 26.00	23 29.57	23 33.12	0.358
9 50	2 10	24 16.90	24 20.63	24 24.34	24 28.05	24 31.73	24 35.40	0.371
9 45	2 15	25 19.29	25 23.15	25 26.98	25 30.80	25 34.60	25 38.38	0.382
9 40	2 20	26 22.45	26 26.41	26 30.35	26 34.28	26 38.19	26 42.09	0.393
9 35	2 25	27 26.37	27 30.44	27 34.49	27 38.53	27 42.55	27 46.55	0.404
9 30	2 30	28 31.10	28 35.28	28 39.43	28 43.57	28 47.69	28 51.79	0.414
9 25	2 35	29 36.67	29 40.95	29 45.20	29 49.44	29 53.66	29 57.86	0.424
9 20	2 40	30 43.11	30 47.48	30 51.83	30 56.16	31 0.48	31 4.77	0.433
9 15	2 45	31 50.46	31 54.92	31 59.36	32 3.78	32 8.17	32 12.55	0.442
9 10	2 50	32 58.74	33 3.28	33 7.80	33 12.30	33 16.78	33 21.24	0.450
9 5	2 55	34 7.98	34 12.60	34 17.19	34 21.77	34 26.33	34 30.86	0.458
9 0	3 0	35 18.22	35 22.91	35 27.58	35 32.22	35 36.84	35 41.44	0.464
8 55	3 5	36 29.48	36 34.24	36 38.97	36 43.68	36 48.36	36 53.02	0.471
8 50	3 10	37 41.80	37 46.61	37 51.39	37 56.15	38 0.89	38 5.61	0.476
8 45	3 15	38 55.20	39 0.06	39 4.89	39 9.70	39 14.49	39 19.25	0.481
8 40	3 20	40 9.70	40 14.61	40 19.48	40 24.32	40 29.15	40 33.95	0.484
8 35	3 25	41 25.35	41 30.28	41 35.19	41 40.07	41 44.92	41 49.75	0.488
8 30	3 30	42 42.16	42 47.11	42 52.04	42 56.94	43 1.81	43 6.66	0.490
8 25	3 35	44 0.15	44 5.12	44 10.06	44 14.97	44 19.85	44 24.71	0.491
8 20	3 40	45 19.35	45 24.32	45 29.26	45 34.17	45 39.05	45 43.91	0.491
8 15	3 45	46 39.77	46 44.74	46 49.67	46 54.57	46 59.44	47 4.28	0.490
8 10	3 50	48 1.44	48 6.38	48 11.29	48 16.18	48 21.03	48 25.85	0.489
8 5	3 55	49 24.36	49 29.27	49 34.16	49 39.01	49 43.83	49 48.62	0.485
8 0	4 0	50 48.56	50 53.42	50 58.26	51 3.06	51 7.84	51 12.58	0.480

III. Tafel. Winkelgrößen auf der Horizontal-Sonnenuhr.

Vormitt.		Nachmitt.		p = 45° 5′		p = 45° 15′		p = 45° 25′		p = 45° 35′		p = 45° 45′		p = 45° 55′		M. D. 1′
St.	M.	St.	M.	Gr.	M.	Gr.	M.	Gr.	M.	Gr.	M.	Gr.	M.	Gr.	M.	M.
7	55	4	5	52	14.02	52	18.83	52	23.61	52	28.36	52	33.08	52	37.77	0.475
7	50	4	10	53	40.77	53	45.51	53	50.22	53	54.90	53	59.55	54	4.17	0.468
7	45	4	15	55	8.80	55	13.46	55	18.09	55	22.68	55	27.24	55	31.78	0.459
7	40	4	20	56	38.10	56	42.67	56	47.20	56	51.70	56	56.17	57	0.61	0.450
7	35	4	25	58	8.68	58	13.13	58	17.55	58	21.94	58	26.30	58	30.63	0.439
7	30	4	30	59	40.51	59	44.84	59	49.13	59	53.40	59	57.64	60	1.84	0.427
7	25	4	35	61	13.57	61	17.76	61	21.92	61	26.05	61	30.15	61	34.22	0.413
7	20	4	40	62	47.85	62	51.89	62	55.90	62	59.88	63	3.83	63	7.75	0.398
7	15	4	45	64	23.32	64	27.19	64	31.03	64	34.84	64	38.63	64	42.39	0.381
7	10	4	50	65	59.93	66	3.62	66	7.28	66	10.92	66	14.52	66	18.10	0.364
7	5	4	55	67	37.65	67	41.15	67	44.62	67	48.06	67	51.47	67	54.86	0.344
7	0	5	0	69	16.44	69	19.73	69	22.99	69	26.22	69	29.42	69	32.61	0.323
6	55	5	5	70	56.23	70	59.30	71	2.34	71	5.36	71	8.35	71	11.32	0.302
6	50	5	10	72	36.99	72	39.81	72	42.62	72	45.40	72	48.17	72	50.91	0.278
6	45	5	15	74	18.61	74	21.19	74	23.76	74	26.30	74	28.82	74	31.32	0.254
6	40	5	20	76	1.05	76	3.38	76	5.69	76	7.98	76	10.25	76	12.50	0.229
6	35	5	25	77	44.24	77	46.30	77	48.34	77	50.37	77	52.38	77	54.37	0.203
6	30	5	30	79	28.09	79	29.87	79	31.64	79	33.40	79	35.14	79	36.86	0.176
6	25	5	35	81	12.51	81	14.01	81	15.50	81	16.97	81	18.43	81	19.88	0.147
6	20	5	40	82	57.41	82	58.62	82	59.82	83	1.00	83	2.18	83	3.35	0.118
6	15	5	45	84	42.71	84	43.62	84	44.53	84	45.42	84	46.31	84	47.19	0.089
6	10	5	50	86	28.31	86	28.92	86	29.52	86	30.12	86	30.72	86	31.31	0.060
6	5	5	55	88	14.10	88	14.41	88	14.71	88	15.01	88	15.31	88	15.61	0.030
6	0	6	0	90	0.00	90	0.00	90	0.00	90	0.00	90	0.00	90	0.00	0.000
5	55	6	5	91	45.90	91	45.59	91	45.29	91	44.99	91	44.69	91	44.39	0.030
5	50	6	10	93	31.69	93	31.08	93	30.48	93	29.88	93	29.28	93	28.69	0.060
5	45	6	15	95	17.29	95	16.38	95	15.47	95	14.58	95	13.69	95	12.81	0.089
5	40	6	20	97	2.59	97	1.38	97	0.18	96	59.00	96	57.82	96	56.65	0.118
5	35	6	25	98	47.49	98	45.99	98	44.50	98	43.03	98	41.57	98	40.12	0.147
5	30	6	30	100	31.91	100	30.13	100	28.36	100	26.60	100	24.86	100	23.14	0.176
5	25	6	35	102	15.76	102	13.70	102	11.66	102	9.63	102	7.62	102	5.63	0.203
5	20	6	40	103	58.95	103	56.62	103	54.31	103	52.02	103	49.75	103	47.50	0.229
5	15	6	45	105	41.39	105	38.81	105	36.24	105	33.70	105	31.08	105	28.68	0.254
5	10	6	50	107	23.01	107	20.19	107	17.38	107	14.60	107	11.83	107	9.09	0.278
5	5	6	55	109	3.77	109	0.70	108	57.66	108	54.64	108	51.65	108	48.68	0.302
5	0	7	0	110	43.56	110	40.27	110	37.01	110	33.78	110	30.58	110	27.39	0.323
4	55	7	5	112	22.35	112	18.85	112	15.38	112	11.94	112	8.53	112	5.14	0.344
4	50	7	10	114	0.07	113	56.38	113	52.72	113	49.08	113	45.48	113	41.90	0.364
4	45	7	15	115	36.68	115	32.81	115	28.97	115	25.16	115	21.37	115	17.61	0.381
4	40	7	20	117	12.15	117	8.11	117	4.10	117	0.12	116	56.17	116	52.25	0.398
4	35	7	25	118	46.43	118	42.24	118	38.08	118	33.95	118	29.85	118	25.78	0.413
4	30	7	30	120	19.49	120	15.16	120	10.87	120	6.60	120	2.36	119	58.16	0.427
4	25	7	35	121	51.32	121	46.87	121	42.45	121	38.06	121	33.70	121	29.37	0.439
4	20	7	40	123	21.90	123	17.33	123	12.80	123	8.30	123	3.83	122	59.39	0.450
4	15	7	45	124	51.20	124	46.54	124	41.91	124	37.32	124	32.76	124	28.22	0.459
4	10	7	50	126	19.23	126	14.49	126	9.78	126	5.10	126	0.45	125	55.83	0.468
4	5	7	55	127	45.98	127	41.17	127	36.39	127	31.64	127	26.92	127	22.23	0.475
4	0	8	0	129	11.44	129	6.58	129	1.74	128	56.94	128	52.16	128	47.42	0.480

III. Tafel. Winkelgrößen auf der Horizontal-Sonnenuhr.

Vormitt.	Nachmitt.	p = 46° 5'	p = 46° 15'	p = 46° 25'	p = 46° 35'	p = 46° 45'	p = 46° 55'	M. D. 1'
St. M.	St. M.	Gr. M.	Gr. M.	Gr. M.	Gr. M.	Gr. M.	Gr. M.	M.
11 55	0 5	0 54.03	0 54.18	0 54.33	0 54.48	0 54.63	0 54.78	0.015
11 50	0 10	1 48.09	1 48.39	1 48.69	1 48.99	1 49.29	1 49.59	0.030
11 45	0 15	2 42.19	2 42.64	2 43.09	2 43.54	2 43.99	2 44.44	0.045
11 40	0 20	3 36.37	3 36.97	3 37.57	3 38.17	3 38.77	3 39.37	0.060
11 35	0 25	4 30.65	4 31.40	4 32.15	4 32.90	4 33.65	4 34.39	0.075
11 30	0 30	5 25.05	5 25.95	5 26.85	5 27.75	5 28.65	5 29.54	0.090
11 25	0 35	6 19.60	6 20.65	6 21.70	6 22.75	6 23.79	6 24.83	0.105
11 20	0 40	7 14.33	7 15.53	7 16.73	7 17.92	7 19.11	7 20.30	0.119
11 15	0 45	8 9.25	8 10.60	8 11.95	8 13.29	8 14.63	8 15.96	0.134
11 10	0 50	9 4.40	9 5.90	9 7.39	9 8.88	9 10.36	9 11.84	0.149
11 5	0 55	9 59.80	10 1.45	10 3.09	10 4.72	10 6.35	10 7.97	0.163
11 0	1 0	10 55.48	10 57.27	10 59.06	11 0.83	11 2.60	11 4.37	0.177
10 55	1 5	11 51.46	11 53.40	11 55.32	11 57.24	11 59.16	12 1.07	0.192
10 50	1 10	12 47.77	12 49.85	12 51.92	12 53.98	12 56.04	12 58.09	0.206
10 45	1 15	13 44.44	13 46.66	13 48.87	13 51.07	13 53.27	13 55.46	0.220
10 40	1 20	14 41.49	14 43.85	14 46.20	14 48.54	14 50.87	14 53.20	0.234
10 35	1 25	15 38.94	15 41.44	15 43.93	15 46.41	15 48.88	15 51.34	0.248
10 30	1 30	16 36.84	16 39.47	16 42.09	16 44.71	16 47.32	16 49.91	0.262
10 25	1 35	17 35.19	17 37.96	17 40.72	17 43.47	17 46.21	17 48.94	0.275
10 20	1 40	18 34.05	18 36.95	18 39.84	18 42.72	18 45.58	18 48.45	0.288
10 15	1 45	19 33.42	19 36.45	19 39.47	19 42.48	19 45.48	19 48.46	0.301
10 10	1 50	20 33.33	20 36.49	20 39.64	20 42.78	20 45.90	20 49.01	0.314
10 5	1 55	21 33.83	21 37.11	21 40.39	21 43.65	21 46.98	21 50.13	0.326
10 0	2 0	22 34.93	22 38.34	22 41.73	22 45.11	22 48.48	22 51.83	0.338
9 55	2 5	23 36.66	23 40.19	23 43.70	23 47.20	23 50.68	23 54.16	0.350
9 50	2 10	24 39.06	24 42.70	24 46.33	24 49.95	24 53.54	24 57.13	0.362
9 45	2 15	25 42.15	25 45.91	25 49.65	25 53.37	25 57.08	26 0.78	0.372
9 40	2 20	26 45.97	26 49.83	26 53.68	26 57.51	27 1.32	27 5.12	0.383
9 35	2 25	27 50.53	27 54.50	27 58.45	28 2.39	28 6.30	28 10.20	0.394
9 30	2 30	28 55.88	28 59.95	29 4.00	29 8.03	29 12.05	29 16.04	0.403
9 25	2 35	30 2.04	30 6.20	30 10.35	30 14.47	30 18.58	30 22.67	0.412
9 20	2 40	31 9.04	31 13.29	31 17.53	31 21.74	31 25.94	31 30.11	0.421
9 15	2 45	32 16.91	32 21.25	32 25.56	32 29.86	32 34.14	32 38.40	0.430
9 10	2 50	33 25.68	33 30.09	33 34.49	33 38.86	33 43.22	33 47.55	0.437
9 5	2 55	34 35.37	34 39.86	34 44.33	34 48.78	34 53.20	34 57.60	0.445
9 0	3 0	35 46.02	35 50.58	35 55.11	35 59.62	36 4.11	36 8.58	0.451
8 55	3 5	36 57.66	37 2.27	37 6.86	37 11.43	37 15.98	37 20.50	0.457
8 50	3 10	38 10.30	38 14.97	38 19.61	38 24.23	38 28.82	38 33.39	0.462
8 45	3 15	39 23.98	39 28.69	39 33.38	39 38.04	39 42.67	39 47.29	0.466
8 40	3 20	40 38.72	40 43.47	40 48.19	40 52.89	40 57.56	41 2.20	0.470
8 35	3 25	41 54.55	41 59.32	42 4.07	42 8.79	42 13.48	42 18.15	0.472
8 30	3 30	43 11.48	43 16.27	43 21.03	43 25.77	43 30.48	43 35.16	0.474
8 25	3 35	44 29.54	44 34.34	44 39.11	44 43.85	44 48.56	44 53.25	0.474
8 20	3 40	45 48.74	45 53.54	45 58.31	46 3.05	46 7.76	46 12.45	0.474
8 15	3 45	47 9.10	47 13.89	47 18.66	47 23.39	47 28.08	47 32.75	0.473
8 10	3 50	48 30.65	48 35.41	48 40.14	48 44.84	48 49.52	48 54.17	0.470
8 5	3 55	49 53.38	49 58.10	50 2.80	50 7.47	50 12.11	50 16.73	0.467
8 0	4 0	51 17.30	51 21.98	51 26.64	51 31.26	51 35.85	51 40.42	0.462

III. Tafel. Winkelgrößen auf der Horizontal-Sonnenuhr.

Vormitt.		Nachmitt.		p = 46° 5'		p = 46° 15'		p = 46° 25'		p = 46° 35'		p = 46° 45'		p = 46° 55'		M. D. 1'
St.	M.	St.	M.	Gr.	M.	Gr.	M.	Gr.	M.	Gr.	M.	Gr.	M.	Gr.	M.	M.
7	55	4	5	52	42.42	52	47.05	52	51.65	52	56.21	53	0.75	53	5.25	0.456
7	50	4	10	54	8.75	54	13.31	54	17.84	54	22.33	54	26.80	54	31.23	0.449
7	45	4	15	55	36.29	55	40.76	55	45.20	55	49.61	55	54.00	55	58.35	0.441
7	40	4	20	57	5.02	57	9.39	57	13.74	57	18.06	57	22.34	57	26.60	0.432
7	35	4	25	58	34.93	58	39.20	58	43.44	58	47.65	58	51.82	58	55.97	0.421
7	30	4	30	60	6.02	60	10.17	60	14.28	60	18.37	60	22.42	60	26.45	0.409
7	25	4	35	61	38.26	61	42.27	61	46.25	61	50.21	61	54.13	61	58.02	0.396
7	20	4	40	63	11.64	63	15.50	63	19.33	63	23.13	63	26.91	63	30.66	0.380
7	15	4	45	64	46.11	64	49.81	64	53.48	64	57.12	65	0.74	65	4.33	0.364
7	10	4	50	66	21.65	66	25.18	66	28.67	66	32.14	66	35.58	66	39.00	0.347
7	5	4	55	67	58.22	68	1.56	68	4.87	68	8.15	68	11.40	68	14.64	0.328
7	0	5	0	69	35.77	69	38.91	69	42.02	69	45.10	69	48.16	69	51.20	0.308
6	55	5	5	71	14.26	71	17.18	71	20.08	71	22.95	71	25.80	71	28.63	0.287
6	50	5	10	72	53.62	72	56.32	72	58.99	73	1.65	73	4.28	73	6.89	0.266
6	45	5	15	74	33.80	74	36.26	74	38.70	74	41.12	74	43.52	74	45.91	0.242
6	40	5	20	76	14.74	76	16.95	76	19.14	76	21.32	76	23.48	76	25.63	0.218
6	35	5	25	77	56.35	77	58.31	78	0.25	78	2.18	78	4.09	78	5.98	0.193
6	30	5	30	79	38.57	79	40.26	79	41.94	79	43.61	79	45.27	79	46.91	0.167
6	25	5	35	81	21.32	81	22.74	81	24.15	81	25.55	81	26.94	81	28.32	0.140
6	20	5	40	83	4.51	83	5.66	83	6.80	83	7.92	83	9.04	83	10.15	0.112
6	15	5	45	84	48.06	84	48.93	84	49.79	84	50.64	84	51.48	84	52.32	0.085
6	10	5	50	86	31.89	86	32.47	86	33.04	86	33.61	86	34.18	86	34.74	0.057
6	5	5	55	88	15.90	88	16.19	88	16.48	88	16.76	88	17.05	88	17.33	0.028
6	0	6	0	90	0.00	90	0.00	90	0.00	90	0.00	90	0.00	90	0.00	0.000
5	55	6	5	91	44.10	91	43.81	91	43.52	91	43.24	91	42.95	91	42.67	0.028
5	50	6	10	93	28.11	93	27.53	93	26.96	93	26.39	93	25.82	93	25.26	0.057
5	45	6	15	95	11.94	95	11.07	95	10.21	95	9.36	95	8.52	95	7.68	0.085
5	40	6	20	96	55.49	96	54.34	96	53.20	96	52.08	96	50.96	96	49.85	0.112
5	35	6	25	98	38.68	98	37.26	98	35.85	98	34.45	98	33.06	98	31.68	0.140
5	30	6	30	100	21.43	100	19.74	100	18.06	100	16.39	100	14.73	100	13.09	0.167
5	25	6	35	102	3.65	102	1.69	101	59.75	101	57.82	101	55.91	101	54.02	0.193
5	20	6	40	103	45.26	103	43.05	103	40.86	103	38.68	103	36.52	103	34.37	0.218
5	15	6	45	105	26.20	105	23.74	105	21.30	105	18.88	105	16.48	105	14.09	0.242
5	10	6	50	107	6.38	107	3.68	107	1.01	106	58.35	106	55.72	106	53.11	0.266
5	5	6	55	108	45.74	108	42.82	108	39.92	108	37.05	108	34.20	108	31.37	0.287
5	0	7	0	110	24.23	110	21.09	110	17.98	110	14.90	110	11.84	110	8.80	0.308
4	55	7	5	112	1.78	111	58.44	111	55.13	111	51.85	111	48.60	111	45.36	0.328
4	50	7	10	113	38.35	113	34.82	113	31.33	113	27.86	113	24.42	113	21.00	0.347
4	45	7	15	115	13.89	115	10.19	115	6.52	115	2.88	114	59.26	114	55.67	0.364
4	40	7	20	116	48.36	116	44.50	116	40.67	116	36.87	116	33.09	116	29.34	0.380
4	35	7	25	118	21.74	118	17.73	118	13.75	118	9.79	118	5.87	118	1.98	0.396
4	30	7	30	119	53.98	119	49.83	119	45.72	119	41.63	119	37.58	119	33.55	0.409
4	25	7	35	121	25.07	121	20.80	121	16.56	121	12.35	121	8.18	121	4.03	0.421
4	20	7	40	122	54.98	122	50.61	122	46.26	122	41.94	122	37.66	122	33.40	0.432
4	15	7	45	124	23.71	124	19.24	124	14.80	124	10.39	124	6.00	124	1.65	0.441
4	10	7	50	125	51.25	125	46.69	125	42.16	125	37.67	125	33.20	125	88.77	0.449
4	5	7	55	127	17.58	127	12.94	127	8.35	127	3.79	126	59.25	126	54.75	0.456
4	0	8	0	128	42.70	128	38.02	128	33.36	128	28.74	128	24.15	128	19.58	0.462

III. Tafel. Winkelgrößen auf der Horizontal-Sonnenuhr.

Vormitt.		Nachmitt.		p = 47° 5′		p = 47° 15′		p = 47° 25′		p = 47° 35′		p = 47° 45′		p = 47° 55′		M. D. 1′
St.	M.	St.	M.	Gr.	M.	Gr.	M.	Gr.	M.	Gr.	M.	Gr.	M.	Gr.	M.	M.
11	55	0	5	0	54.93	0	55.08	0	55.23	0	55.37	0	55.52	0	55.67	0.014
11	50	0	10	1	49.88	1	50.18	1	50.48	1	50.77	1	51.06	1	51.36	0.029
11	45	0	15	2	44.89	2	45.33	2	45.77	2	46.22	2	46.66	2	47.10	0.045
11	40	0	20	3	39.96	3	40.55	3	41.14	3	41.73	3	42.32	3	42.91	0.059
11	35	0	25	4	35.13	4	35.87	4	36.61	4	37.35	4	38.08	4	38.81	0.074
11	30	0	30	5	30.43	5	31.32	5	32.20	5	33.08	5	33.96	5	34.83	0.088
11	25	0	35	6	25.87	6	26.90	6	27.93	6	28.96	6	29.98	6	31.00	0.103
11	20	0	40	7	21.48	7	22.66	7	23.83	7	25.00	7	26.17	7	27.33	0.117
11	15	0	45	8	17.29	8	18.61	8	19.93	8	21.25	8	22.56	8	23.86	0.132
11	10	0	50	9	13.31	9	14.78	9	16.25	9	17.70	9	19.16	9	20.61	0.145
11	5	0	55	10	9.59	10	11.20	10	12.80	10	14.41	10	16.00	10	17.59	0.161
11	0	1	0	11	6.13	11	7.88	11	9.63	11	11.37	11	13.11	11	14.84	0.174
10	55	1	5	12	2.97	12	4.86	12	6.75	12	8.63	12	10.51	12	12.38	0.188
10	50	1	10	13	0.13	13	2.16	13	4.19	13	6.21	13	8.22	13	10.23	0.202
10	45	1	15	13	57.64	13	59.81	14	1.97	14	4.13	14	6.28	14	8.43	0.216
10	40	1	20	14	55.52	14	57.83	15	0.13	15	2.42	15	4.71	15	6.98	0.229
10	35	1	25	15	53.79	15	56.24	15	58.68	16	1.11	16	3.52	16	5.93	0.243
10	30	1	30	16	52.50	16	55.08	16	57.65	17	0.21	17	2.76	17	5.30	0.256
10	25	1	35	17	51.66	17	54.37	17	57.07	17	59.76	18	2.44	18	5.11	0.269
10	20	1	40	18	51.29	18	54.13	18	56.96	18	59.78	19	2.59	19	5.38	0.282
10	15	1	45	19	51.44	19	54.40	19	57.36	20	0.30	20	3.23	20	6.15	0.294
10	10	1	50	20	52.11	20	55.20	20	58.28	21	1.35	21	4.40	21	7.44	0.307
10	5	1	55	21	53.35	21	56.56	21	59.76	22	2.94	22	6.12	22	9.28	0.318
10	0	2	0	22	55.17	22	58.50	23	1.82	23	5.12	23	8.41	23	11.69	0.330
9	55	2	5	23	57.62	24	1.06	24	4.49	24	7.90	24	11.31	24	14.69	0.341
9	50	2	10	25	0.70	25	4.25	25	7.79	25	11.32	25	14.83	25	18.33	0.353
9	45	2	15	26	4.45	26	8.12	26	11.76	26	15.40	26	19.01	26	22.61	0.364
9	40	2	20	27	8.91	27	12.67	27	16.42	27	20.16	27	23.88	27	27.58	0.374
9	35	2	25	28	14.09	28	17.95	28	21.80	28	25.64	28	29.45	28	33.25	0.384
9	30	2	30	29	20.02	29	23.99	29	27.93	29	31.86	29	35.77	29	39.67	0.393
9	25	2	35	30	26.74	30	30.79	30	34.83	30	38.84	30	42.84	30	46.82	0.401
9	20	2	40	31	34.27	31	38.41	31	42.52	31	46.62	31	50.70	31	54.77	0.410
9	15	2	45	32	42.63	32	46.85	32	51.05	32	55.23	32	59.39	33	3.53	0.418
9	10	2	50	33	51.86	33	56.16	34	0.43	34	4.68	34	8.91	34	13.12	0.425
9	5	2	55	35	1.98	35	6.34	35	10.68	35	15.00	35	19.29	35	23.57	0.432
9	0	3	0	36	13.02	36	17.44	36	21.84	36	26.22	36	30.57	36	34.90	0.438
8	55	3	5	37	25.00	37	29.47	37	33.92	37	38.35	37	42.76	37	47.15	0.443
8	50	3	10	38	37.94	38	42.46	38	46.96	38	51.44	38	55.89	39	0.32	0.448
8	45	3	15	39	51.87	39	56.44	40	0.97	40	5.49	40	9.98	40	14.44	0.452
8	40	3	20	41	6.82	41	11.41	41	15.98	41	20.52	41	25.04	41	29.54	0.454
8	35	3	25	42	22.79	42	27.41	42	32.00	42	36.57	42	41.11	42	45.62	0.457
8	30	3	30	43	39.82	43	44.45	43	49.06	43	53.64	43	58.19	44	2.71	0.458
8	25	3	35	44	57.92	45	2.56	45	7.17	45	11.75	45	16.30	45	20.83	0.458
8	20	3	40	46	17.11	46	21.74	46	26.34	46	30.92	46	35.47	46	39.99	0.458
8	15	3	45	47	37.39	47	42.01	47	46.59	47	51.15	47	55.69	48	0.19	0.456
8	10	3	50	48	58.79	49	3.38	49	7.94	49	12.47	49	16.98	49	21.46	0.453
8	5	3	55	50	21.31	50	25.86	50	30.39	50	34.89	50	39.35	50	43.79	0.450
8	0	4	0	51	44.95	51	49.46	51	53.94	51	58.38	52	2.80	52	7.19	0.444

III. Tafel. Winkelgrößen auf der Horizontal-Sonnenuhr.

Vormitt.	Nachmitt.	p = 47° 5'	p = 47° 15'	p = 47° 25'	p = 47° 35'	p = 47° 45'	p = 47° 55'	M. D. 1'
St. M.	St. M.	Gr. M.	Gr. M.	Gr. M.	Gr. M.	Gr. M.	Gr. M.	M.
7 55	4 5	53 9.73	53 14.18	53 18.59	53 22.98	53 27.34	53 31.67	0.439
7 50	4 10	54 35.64	54 40.01	54 44.35	54 48.67	54 52.97	54 57.23	0.432
7 45	4 15	56 2.67	56 6.96	56 11.22	56 15.46	56 19.67	56 23.85	0.424
7 40	4 20	57 30.83	57 35.02	57 39.19	57 43.33	57 47.44	57 51.53	0.414
7 35	4 25	59 0.09	59 4.18	59 8.25	59 12.28	59 16.28	59 20.25	0.403
7 30	4 30	60 30.45	60 34.42	60 38.36	60 42.28	60 46.16	60 50.02	0.392
7 25	4 35	62 1.89	62 5.73	62 9.53	62 13.31	62 17.07	62 20.80	0.378
7 20	4 40	63 34.38	63 38.07	63 41.73	63 45.37	63 48.98	63 52.56	0.364
7 15	4 45	65 7.89	65 11.42	65 14.93	65 18.41	65 21.87	65 25.30	0.348
7 10	4 50	66 42.39	66 45.75	66 49.09	66 52.41	66 55.70	66 58.96	0.332
7 5	4 55	68 17.85	68 21.03	68 24.19	68 27.32	68 30.43	68 33.51	0.313
7 0	5 0	69 54.21	69 57.20	70 0.16	70 3.10	70 6.02	70 8.92	0.294
6 55	5 5	71 31.44	71 34.22	71 36.98	71 39.72	71 42.44	71 45.14	0.274
6 50	5 10	73 9.48	73 12.04	73 14.58	73 17.11	73 19.62	73 22.11	0.253
6 45	5 15	74 48.27	74 50.61	74 52.93	74 55.24	74 57.52	74 59.79	0.231
6 40	5 20	76 27.75	76 29.86	76 31.95	76 34.02	76 36.08	76 38.12	0.207
6 35	5 25	78 7.86	78 9.72	78 11.57	78 13.41	78 15.23	78 17.03	0.184
6 30	5 30	79 48.53	79 50.14	79 51.74	79 53.33	79 54.90	79 56.46	0.159
6 25	5 35	81 29.69	81 31.04	81 32.38	81 33.72	81 35.04	81 36.35	0.134
6 20	5 40	83 11.25	83 12.34	83 13.42	83 14.49	83 15.56	83 16.61	0.107
6 15	5 45	84 53.14	84 53.96	84 54.78	84 55.59	84 56.39	84 57.19	0.081
6 10	5 50	86 35.29	86 35.84	86 36.39	86 36.93	86 37.46	86 37.99	0.054
6 5	5 55	88 17.60	88 17.88	88 18.15	88 18.42	88 18.69	88 18.96	0.027
6 0	6 0	90 0.00	90 0.00	90 0.00	90 0.00	90 0.00	90 0.00	0.000
5 55	6 5	91 42.40	91 42.12	91 41.85	91 41.58	91 41.31	91 41.04	0.027
5 50	6 10	93 24.71	93 24.16	93 23.61	93 23.07	93 22.54	93 22.01	0.054
5 45	6 15	95 6.86	95 6.04	95 5.22	95 4.41	95 3.61	95 2.81	0.081
5 40	6 20	96 48.75	96 47.66	96 46.58	96 45.51	96 44.44	96 43.39	0.107
5 35	6 25	98 30.31	98 28.96	98 27.62	98 26.28	98 24.96	98 23.65	0.134
5 30	6 30	100 11.47	100 9.86	100 8.26	100 6.67	100 5.10	100 3.54	0.159
5 25	6 35	101 52.14	101 50.28	101 48.43	101 46.59	101 44.77	101 42.97	0.184
5 20	6 40	103 32.25	103 30.14	103 28.05	103 25.98	103 23.92	103 21.88	0.207
5 15	6 45	105 11.73	105 9.39	105 7.07	105 4.76	105 2.48	105 0.21	0.231
5 10	6 50	106 50.52	106 47.96	106 45.42	106 42.89	106 40.38	106 37.89	0.253
5 5	6 55	108 28.56	108 25.78	108 23.02	108 20.28	108 17.56	108 14.86	0.274
5 0	7 0	110 5.79	110 2.80	109 59.84	109 56.90	109 53.98	109 51.08	0.294
4 55	7 5	111 42.15	111 38.97	111 35.81	111 32.68	111 29.57	111 26.49	0.313
4 50	7 10	113 17.61	113 14.25	113 10.91	113 7.59	113 4.30	113 1.04	0.332
4 45	7 15	114 52.11	114 48.58	114 45.07	114 41.59	114 38.13	114 34.70	0.348
4 40	7 20	116 25.62	116 21.93	116 18.27	116 14.63	116 11.02	116 7.44	0.364
4 35	7 25	117 58.11	117 54.27	117 50.47	117 46.69	117 42.93	117 39.20	0.378
4 30	7 30	119 29.55	119 25.58	119 21.64	119 17.72	119 13.84	119 9.98	0.392
4 25	7 35	120 59.91	120 55.82	120 51.75	120 47.72	120 43.72	120 39.75	0.403
4 20	7 40	122 29.17	122 24.98	122 20.81	122 16.67	122 12.56	122 8.47	0.414
4 15	7 45	123 57.33	123 53.04	123 48.78	123 44.54	123 40.33	123 36.15	0.424
4 10	7 50	125 24.36	125 19.99	125 15.65	125 11.33	125 7.03	125 2.77	0.432
4 5	7 55	126 50.27	126 45.82	126 41.41	126 37.02	126 32.66	126 28.33	0.439
4 0	8 0	128 15.05	128 10.54	128 6.06	128 1.62	127 57.20	127 52.81	0.444

III. Tafel. Winkelgrößen auf der Horizontal-Sonnenuhr.

Vormitt.	Nachmitt	p = 48° 5′	p = 48° 15′	p = 48° 25′	p = 48° 35′	p = 48° 45′	p = 48° 55′	M. D. 1′
St. M.	St. M.	Gr. M.	Gr. M.	Gr. M.	Gr. M.	Gr. M.	Gr. M.	M.
11 55	0 5	0 55.81	0 55.96	0 56.10	0 56.25	0 56.39	0 56.54	0.015
11 50	0 10	1 51.65	1 51.94	1 52.23	1 52.52	1 52.81	1 53.09	0.029
11 45	0 15	2 47.53	2 47.97	2 48.40	2 48.83	2 49.27	2 49.70	0.043
11 40	0 20	3 43.49	3 44.07	3 44.65	3 45.22	3 45.80	3 46.37	0.057
11 35	0 25	4 39.54	4 40.26	4 40.99	4 41.71	4 42.43	4 43.14	0.072
11 30	0 30	5 35.71	5 36.58	5 37.44	5 38.31	5 39.17	5 40.03	0.087
11 25	0 35	6 32.02	6 33.03	6 34.04	6 35.05	6 36.05	6 37.05	0.101
11 20	0 40	7 28.49	7 29.65	7 30.81	7 31.96	7 33.10	7 34.24	0.115
11 15	0 45	8 25.17	8 26.47	8 27.76	8 29.04	8 30.33	8 31.61	0.128
11 10	0 50	9 22.05	9 23.49	9 24.93	9 26.36	9 27.78	9 29.20	0.143
11 5	0 55	10 19.18	10 20.76	10 22.33	10 23.90	10 25.46	10 27.02	0.157
11 0	1 0	11 16.56	11 18.28	11 20.00	11 21.70	11 23.40	11 25.10	0.170
10 55	1 5	12 14.24	12 16.10	12 17.95	12 19.79	12 21.63	12 23.46	0.184
10 50	1 10	13 12.23	13 14.23	13 16.21	13 18.19	13 20.16	13 22.13	0.198
10 45	1 15	14 10.56	14 12.69	14 14.81	14 16.92	14 19.03	14 21.13	0.211
10 40	1 20	15 9.25	15 11.52	15 13.77	15 16.01	15 18.25	15 20.48	0.224
10 35	1 25	16 8.34	16 10.73	16 13.11	16 15.49	16 17.85	16 20.21	0.238
10 30	1 30	17 7.83	17 10.35	17 12.87	17 15.37	17 17.87	17 20.35	0.250
10 25	1 35	18 7.77	18 10.42	18 13.06	18 15.69	18 18.31	18 20.92	0.263
10 20	1 40	19 8.17	19 10.94	19 13.71	19 16.46	19 19.21	19 21.94	0.275
10 15	1 45	20 9.06	20 11.96	20 14.85	20 17.72	20 20.59	20 23.44	0.287
10 10	1 50	21 10.47	21 13.49	21 16.50	21 19.49	21 22.47	21 25.44	0.299
10 5	1 55	22 12.42	22 15.56	22 18.68	22 21.79	22 24.89	22 27.97	0.311
10 0	2 0	23 14.95	23 18.20	23 21.43	23 24.66	23 27.87	23 31.66	0.323
9 55	2 5	24 18.07	24 21.43	24 24.78	24 28.11	24 31.43	24 34.73	0.333
9 50	2 10	25 21.81	25 25.28	25 28.73	25 32.17	25 35.59	25 39.00	0.344
9 45	2 15	26 26.20	26 29.77	26 33.33	26 36.87	26 40.40	26 43.91	0.354
9 40	2 20	27 31.27	27 34.94	27 38.60	27 42.23	27 45.85	27 49.46	0.363
9 35	2 25	28 37.04	28 40.80	28 44.55	28 48.29	28 52.00	28 55.70	0.374
9 30	2 30	29 43.54	29 47.39	29 51.23	29 55.05	29 58.86	30 2.64	0.382
9 25	2 35	30 50.78	30 54.73	30 58.65	31 2.56	31 6.45	31 10.32	0.391
9 20	2 40	31 58.81	32 2.83	32 6.84	32 10.83	32 14.79	32 18.74	0.399
9 15	2 45	33 7.64	33 11.74	33 15.82	33 19.88	33 23.92	33 27.94	0.406
9 10	2 50	34 17.31	34 21.47	34 25.62	34 29.75	34 33.86	34 37.94	0.413
9 5	2 55	35 27.82	35 32.05	35 36.26	35 40.45	35 44.62	35 48.77	0.419
9 0	3 0	36 39.21	36 43.50	36 47.77	36 52.02	36 56.24	37 0.44	0.425
8 55	3 5	37 51.51	37 55.85	38 0.16	38 4.46	38 8.73	38 12.98	0.430
8 50	3 10	39 4.72	39 9.11	39 13.47	39 17.80	39 22.11	39 26.40	0.433
8 45	3 15	40 18.88	40 23.30	40 27.70	40 32.07	40 36.41	40 40.73	0.437
8 40	3 20	41 34.01	41 38.45	41 42.87	41 47.26	41 51.63	41 55.98	0.439
8 35	3 25	42 50.11	42 54.57	42 59.01	43 3.42	43 7.81	43 12.18	0.441
8 30	3 30	44 7.21	44 11.69	44 16.14	44 20.56	44 24.96	44 29.33	0.442
8 25	3 35	45 25.33	45 29.81	45 34.26	45 38.68	45 43.08	45 47.45	0.442
8 20	3 40	46 44.48	46 48.95	46 53.39	46 57.80	47 2.19	47 6.55	0.441
8 15	3 45	48 4.67	48 9.12	48 13.54	48 17.94	48 22.30	48 26.64	0.440
8 10	3 50	49 25.91	49 30.33	49 34.72	49 39.09	49 43.43	49 47.74	0.437
8 5	3 55	50 48.20	50 52.58	50 56.94	51 1.27	51 5.57	51 9.84	0.433
8 0	4 0	52 11.56	52 15.89	52 20.20	52 24.47	52 28.72	52 32.95	0.427

III. Tafel. Winkelgrößen auf der Horizontal-Sonnenuhr.

Vormitt.	Nachmitt.	p = 48° 5′	p = 48° 15′	p = 48° 25′	p = 48° 35′	p = 48° 45′	p = 48° 55′	M. D. 1′
St. M.	St. M.	Gr. M.	Gr. M.	Gr. M.	Gr. M.	Gr. M.	Gr. M.	M.
7 55	4 5	53 35.98	53 40.25	53 44.50	53 48.71	53 52.90	53 57.06	0.421
7 50	4 10	55 1.46	55 5.66	55 9.83	55 13.98	55 18.10	55 22.19	0.415
7 45	4 15	56 27.99	56 32.11	56 36.20	56 40.27	56 44.30	56 48.31	0.407
7 40	4 20	57 55.58	57 59.60	58 3.60	58 7.57	58 11.51	58 15.43	0.397
7 35	4 25	59 24.20	59 28.12	59 32.01	59 35.88	59 39.71	59 43.52	0.387
7 30	4 30	60 53.85	60 57.65	61 1.42	61 5.17	61 8.89	61 12.58	0.375
7 25	4 35	62 24.50	62 28.17	62 31.81	62 35.43	62 39.02	62 42.59	0.362
7 20	4 40	63 56.12	63 59.65	64 3.16	64 6.64	64 10.09	64 13.51	0.348
7 15	4 45	65 28.70	65 32.07	65 35.42	65 38.75	65 42.05	65 45.33	0.333
7 10	4 50	67 2.19	67 5.40	67 8.59	67 11.76	67 14.90	67 18.01	0.317
7 5	4 55	68 36.57	68 39.61	68 42.62	68 45.61	68 48.58	68 51.52	0.299
7 0	5 0	70 11.79	70 14.64	70 17.47	70 20.28	70 23.06	70 25.83	0.281
6 55	5 5	71 47.81	71 50.47	71 53.10	71 55.71	71 58.30	72 0.87	0.261
6 50	5 10	73 24.58	73 27.03	73 29.45	73 31.86	73 34.25	73 36.62	0.241
6 45	5 15	75 2.04	75 4.27	75 6.48	75 8.68	75 10.86	75 13.02	0.220
6 40	5 20	76 40.14	76 42.15	76 44.14	76 46.11	76 48.07	76 50.01	0.197
6 35	5 25	78 18.82	78 20.59	78 22.35	78 24.09	78 25.82	78 27.54	0.174
6 30	5 30	79 58.01	79 59.54	80 1.06	80 2.57	80 4.07	80 5.55	0.151
6 25	5 35	81 37.65	81 38.93	81 40.21	81 41.48	81 42.73	81 43.97	0.127
6 20	5 40	83 17.66	83 18.70	83 19.72	83 20.74	83 21.75	83 22.76	0.102
6 15	5 45	84 57.98	84 58.76	84 59.53	85 0.30	85 1.06	85 1.81	0.077
6 10	5 50	86 38.52	86 39.04	86 39.56	86 40.08	86 40.59	86 41.09	0.052
6 5	5 55	88 19.22	88 19.48	88 19.74	88 20.00	88 20.26	88 20.51	0.026
6 0	6 0	90 0.00	90 0.00	90 0.00	90 0.00	90 0.00	90 0.00	0.000
5 55	6 5	91 40.78	91 40.52	91 40.26	91 40.00	91 39.74	91 39.49	0.026
5 50	6 10	93 21.48	93 20.96	93 20.44	93 19.92	93 19.41	93 18.91	0.052
5 45	6 15	95 2.02	95 1.24	95 0.47	94 59.70	94 58.94	94 58.19	0.077
5 40	6 20	96 42.34	96 41.30	96 40.28	96 39.26	96 38.25	96 37.24	0.102
5 35	6 25	98 22.35	98 21.07	98 19.79	98 18.52	98 17.27	98 16.03	0.127
5 30	6 30	100 1.99	100 0.46	99 58.94	99 57.43	99 55.93	99 54.45	0.151
5 25	6 35	101 41.18	101 39.41	101 37.65	101 35.91	101 34.18	101 32.46	0.174
5 20	6 40	103 19.86	103 17.85	103 15.86	103 13.89	103 11.93	103 9.99	0.197
5 15	6 45	104 57.96	104 55.73	104 53.52	104 51.32	104 49.14	104 46.98	0.220
5 10	6 50	106 35.42	106 32.97	106 30.55	106 28.14	106 25.75	106 23.38	0.241
5 5	6 55	108 12.19	108 9.53	108 6.90	108 4.29	108 1.70	107 59.13	0.261
5 0	7 0	109 48.21	109 45.36	109 42.53	109 39.72	109 36.94	109 34.17	0.281
4 55	7 5	111 23.43	111 20.39	111 17.38	111 14.39	111 11.42	111 8.48	0.299
4 50	7 10	112 57.81	112 54.60	112 51.41	112 48.24	112 45.10	112 41.99	0.317
4 45	7 15	114 31.30	114 27.93	114 24.58	114 21.25	114 17.95	114 14.67	0.333
4 40	7 20	116 3.88	116 0.35	115 56.84	115 53.36	115 49.91	115 46.49	0.348
4 35	7 25	117 35.50	117 31.83	117 28.19	117 24.57	117 20.98	117 17.41	0.362
4 30	7 30	119 6.15	119 2.35	118 58.58	118 54.83	118 51.11	118 47.42	0.377
4 25	7 35	120 35.80	120 31.88	120 27.99	120 24.12	120 20.29	120 16.48	0.387
4 20	7 40	122 4.42	122 0.40	121 56.40	121 52.43	121 48.49	121 44.57	0.397
4 15	7 45	123 32.01	123 27.89	123 23.80	123 19.73	123 15.70	123 11.69	0.407
4 10	7 50	124 58.54	124 54.34	124 50.17	124 46.02	124 41.90	124 37.81	0.415
4 5	7 55	126 24.02	126 19.75	126 15.50	126 11.29	126 7.10	126 2.94	0.421
4 0	8 0	127 48.44	127 44.11	127 39.80	127 35.53	127 31.28	127 27.05	0.427

III. Tafel. Winkelgrößen auf der Horizontal-Sonnenuhr.

Vormitt.	Nachmitt.	p = 49° 5′	p = 49° 15′	p = 49° 25′	p = 49° 35′	p = 49° 45′	p = 49° 55′	M. D. 1′
St. M.	St. M.	Gr. M.	Gr. M.	Gr. M.	Gr. M.	Gr. M.	Gr. M.	M.
11 55	0 5	0 56.68	0 56.82	0 56.96	0 57.11	0 57.25	0 57.39	0.015
11 50	0 10	1 53.38	1 53.67	1 53.95	1 54.23	1 54.52	1 54.80	0.028
11 45	0 15	2 50.13	2 50.56	2 50.98	2 51.41	2 51.83	2 52.25	0.043
11 40	0 20	3 46.95	3 47.52	3 48.08	3 48.65	3 49.21	3 49.77	0.057
11 35	0 25	4 43.86	4 44.57	4 45.28	4 45.98	4 46.69	4 47.39	0.070
11 30	0 30	5 40.88	5 41.73	5 42 58	5 43.43	5 44.27	5 45.11	0.085
11 25	0 35	6 38.05	6 39.04	6 40.03	6 41.02	6 42.00	6 42.98	0.099
11 20	0 40	7 35.38	7 36.51	7 37.64	7 38.76	7 39.88	7 41.00	0.112
11 15	0 45	8 32.98	8 34.16	8 35.43	8 36.69	8 37.95	8 39.21	0.126
11 10	0 50	9 30.61	9 32.02	9 33.43	9 34.83	9 36.23	9 37.62	0.140
11 5	0 55	10 28.57	10 30.12	10 31.66	10 33.20	10 34.73	10 36.25	0.154
11 0	1 0	11 26.79	11 28.47	11 30.15	11 31.82	11 33.48	11 35.14	0.167
10 55	1 5	12 25.29	12 27.11	12 28.92	12 30.72	12 32.51	12 34.31	0.181
10 50	1 10	13 24.09	13 26.04	13 27.98	13 29.92	13 31.85	13 33.77	0.194
10 45	1 15	14 23.22	14 25.30	14 27.37	14 29.44	14 31.50	14 33.55	0.207
10 40	1 20	15 22.70	15 24.91	15 27.11	15 29.31	15 31.50	15 33.68	0.220
10 35	1 25	16 22.56	16 24.90	16 27.23	16 29.56	16 31.87	16 34.17	0.233
10 30	1 30	17 22.82	17 25.29	17 27.75	17 30.20	17 32.64	17 35.06	0.245
10 25	1 35	18 23.52	18 26.11	18 28.69	18 31.26	18 33.82	18 36.37	0.257
10 20	1 40	19 24.66	19 27.37	19 30.07	19 32.76	19 35.44	19 38.11	0.269
10 15	1 45	20 26.28	20 29.11	20 31.93	20 34.74	20 37.53	20 40.32	0.281
10 10	1 50	21 28.40	21 31.34	21 34.28	21 37.20	21 40.12	21 43.02	0.292
10 5	1 55	22 31.04	22 34.10	22 37.15	22 40.19	22 43.21	22 46.22	0.304
10 0	2 0	23 34.25	23 37.42	23 40.57	23 43.72	23 46.85	23 49.96	0.315
9 55	2 5	24 38.02	24 41.30	24 44.56	24 47.81	24 51.05	24 54.27	0.325
9 50	2 10	25 42.40	25 45.78	25 49.14	25 52.49	25 55.83	25 59.15	0.335
9 45	2 15	26 47.40	26 50.88	26 54.34	26 57.79	27 1.23	27 4.65	0.345
9 40	2 20	27 53.05	27 56.63	28 0.19	28 3.73	28 7.26	28 10.77	0.354
9 35	2 25	28 59.38	29 3.05	29 6.70	29 10.33	29 13.95	29 17.55	0.363
9 30	2 30	30 6.41	30 10.17	30 13.90	30 17.62	30 21.32	30 25.00	0.372
9 25	2 35	31 14.17	31 18.00	31 21.82	31 25.62	31 29.40	31 33.16	0.380
9 20	2 40	32 22.67	32 26.58	32 30.47	32 34.34	32 38.20	32 42.03	0.387
9 15	2 45	33 31.94	33 35.92	33 39.89	33 43.83	33 47.75	33 51.66	0.394
9 10	2 50	34 42.01	34 46.06	34 50.08	34 54.09	34 58.08	35 2.04	0.401
9 5	2 55	35 52.90	35 57.00	36 1.09	36 5.15	36 9.19	36 13.21	0.406
9 0	3 0	37 4.62	37 8.78	37 12.91	37 17.03	37 21.12	37 25 20	0.412
8 55	3 5	38 17.20	38 21.41	38 25.59	38 29.75	38 33.89	38 38.00	0.416
8 50	3 10	39 30.67	39 34.91	39 39.13	39 43.33	39 47.50	39 51.65	0.420
8 45	3 15	40 45.03	40 49.30	40 53.55	40 57.78	41 1.98	41 6.16	0.423
8 40	3 20	42 0 30	42 4.60	42 8.88	42 13.13	42 17.35	42 21.55	0.425
8 35	3 25	43 16.52	43 20.83	43 25.12	43 29.38	43 33.62	43 37.84	0.426
8 30	3 30	44 33.67	44 37.99	44 42.29	44 46.56	44 50.80	44 55.02	0.427
8 25	3 35	45 51.79	45 56.11	46 0.40	46 4.67	46 8.91	46 13.13	0.427
8 20	3 40	47 10.88	47 15.19	47 19.47	47 23.73	47 27.96	47 32.16	0.426
8 15	3 45	48 30.96	48 35.25	48 39.51	48 43.74	48 47.95	48 52.13	0.423
8 10	3 50	49 52.02	49 56.28	50 0.51	50 4.72	50 8.89	50 13.04	0.421
8 5	3 55	51 14.08	51 18.30	51 22.49	51 26.66	51 30.79	51 34.90	0.417
8 0	4 0	52 37.14	52 41.31	52 45.45	52 49.56	52 53.65	52 57.71	0.411

III. Tafel. Winkelgrößen auf der Horizontal-Sonnenuhr.

Vormitt.		Nachmitt.		p = 49° 5′		p = 49° 15′		p = 49° 25′		p = 49° 35′		p = 49° 45′		p = 49° 55′		M.D. 1′
St.	M.	St.	M.	Gr.	M.	Gr.	M.	Gr.	M.	Gr.	M.	Gr.	M.	Gr.	M.	M.
7	55	4	5	54	1.20	54	5.31	54	9.39	54	13.44	54	17.46	54	21.46	0.405
7	50	4	10	55	26.25	55	30.29	55	34.30	55	38.28	55	42.23	55	46.16	0.398
7	45	4	15	56	52.29	56	56.25	57	0.17	57	4.06	57	7.94	57	11.79	0.389
7	40	4	20	58	19.32	58	23.18	58	27.01	58	30.81	58	34.59	58	38.34	0.380
7	35	4	25	59	47.30	59	51.06	59	54.79	59	58.49	60	2.17	60	5.82	0.370
7	30	4	30	61	16.25	61	19.89	61	23.50	61	27.09	61	30.65	61	34.19	0.359
7	25	4	35	62	46.13	62	49.64	62	53.13	62	56.59	63	0.03	63	3.44	0.346
7	20	4	40	64	16.91	64	20.29	64	23.64	64	26.97	64	30.27	64	33.55	0.333
7	15	4	45	65	48.58	65	51.81	65	55.01	65	58.19	66	1.35	66	4.48	0.318
7	10	4	50	67	21.10	67	24.17	67	27.22	67	30.24	67	33.24	67	36.22	0.302
7	5	4	55	68	54.45	68	57.35	69	0.22	69	3.08	69	5.91	69	8.72	0.286
7	0	5	0	70	28.57	70	31.29	70	33.98	70	36.66	70	39.32	70	41.95	0.268
6	55	5	5	72	3.42	72	5.95	72	8.46	72	10.95	72	13.42	72	15.88	0.249
6	50	5	10	73	38.97	73	41.30	73	43.61	73	45.91	73	48.18	73	50.44	0.230
6	45	5	15	75	15.16	75	17.28	75	19.39	75	21.48	75	23.56	75	25.62	0.209
6	40	5	20	76	51.93	76	53.84	76	55.74	76	57.62	76	59.48	77	1.33	0.188
6	35	5	25	78	29.24	78	30.93	78	32.61	78	34.27	78	35.91	78	37.55	0.166
6	30	5	30	80	7.02	80	8.48	80	9.93	80	11.37	80	12.79	80	14.20	0.144
6	25	5	35	81	45.21	81	46.44	81	47.65	81	48.86	81	50.05	81	51.24	0.121
6	20	5	40	83	23.75	83	24.74	83	25.71	83	26.68	83	27.65	83	28.60	0.097
6	15	5	45	85	2.57	85	3.31	85	4.04	85	4.78	85	5.50	85	6.22	0.074
6	10	5	50	86	41.59	86	42.09	86	42.58	86	43.07	86	43.56	86	44.04	0.049
6	5	5	55	88	20.76	88	21.01	88	21.26	88	21.50	88	21.74	88	21.98	0.024
6	0	6	0	90	0.00	90	0.00	90	0.00	90	0.00	90	0.00	90	0.00	0.000
5	55	6	5	91	39.24	91	38.99	91	38.74	91	38.50	91	38.26	91	38.02	0.024
5	50	6	10	93	18.41	93	17.91	93	17.42	93	16.93	93	16.44	93	15.96	0.049
5	45	6	15	94	57.43	94	56.69	94	55.96	94	55.22	94	54.50	94	53.78	0.074
5	40	6	20	96	36.25	96	35.26	96	34.29	96	33.32	96	32.35	96	31.40	0.097
5	35	6	25	98	14.79	98	13.56	98	12.35	98	11.14	98	9.95	98	8.76	0.121
5	30	6	30	99	52.98	99	51.52	99	50.07	99	48.63	99	47.21	99	45.80	0.144
5	25	6	35	101	30.76	101	29.07	101	27.39	101	25.73	101	24.09	101	22.45	0.166
5	20	6	40	103	8.07	103	6.16	103	4.26	103	2.38	103	0.52	102	58.67	0.188
5	15	6	45	104	44.84	104	42.72	104	40.61	104	38.52	104	36.44	104	34.38	0.209
5	10	6	50	105	21.03	106	18.70	106	16.39	106	14.09	106	11.82	106	9.56	0.230
5	5	6	55	107	56.58	107	54.05	107	51.54	107	49.05	107	46.58	107	44.12	0.249
5	0	7	0	109	31.43	109	28.71	109	26.02	109	23.34	109	20.68	109	18.05	0.268
4	55	7	5	111	5.55	111	2.65	110	59.78	110	56.92	110	54.09	110	51.28	0.286
4	50	7	10	112	38.90	112	35.83	112	32.78	112	29.76	112	26.76	112	23.78	0.302
4	45	7	15	114	11.42	114	8.19	114	4.99	114	1.81	113	58.65	113	55.52	0.318
4	40	7	20	115	43.09	115	39.71	115	36.36	115	33.03	115	29.73	115	26.45	0.333
4	35	7	25	117	13.87	117	10.36	117	6.87	117	3.41	116	59.97	116	56.56	0.346
4	30	7	30	118	43.75	118	40.11	118	36.50	118	32.91	118	29.35	118	25.81	0.359
4	25	7	35	120	12.70	120	8.94	120	5.21	120	1.51	119	57.83	119	54.18	0.370
4	20	7	40	121	40.68	121	36.82	121	32.99	121	29.19	121	25.41	121	21.66	0.380
4	15	7	45	123	7.71	123	3.75	122	59.83	122	55.94	122	52.06	122	48.21	0.389
4	10	7	50	124	33.75	124	29.71	124	25.70	124	21.72	124	17.77	124	13.84	0.398
4	5	7	55	125	58.80	125	54.69	125	50.61	125	46.56	125	42.54	125	38.54	0.405
4	0	8	0	127	22.86	127	18.69	127	14.55	127	10.44	127	6.35	127	2.29	0.411

III. Tafel. Winkelgrößen auf der Horizontal-Sonnenuhr.

Vormitt.	Nachmitt.	p = 50° 5′	p = 50° 15′	p = 50° 25′	p = 50° 35′	p = 50° 45′	p = 50° 55′	M. D. 1′
St. M.	St. M.	Gr. M.	Gr. M.	Gr. M.	Gr. M.	Gr. M.	Gr. M.	M.
11 55	0 5	0 57.53	0 57.67	0 57.80	0 57.94	0 58.08	0 58.22	0.014
11 50	0 10	1 55.08	1 55.36	1 55.63	1 55.91	1 56.19	1 56.46	0.028
11 45	0 15	2 52.67	2 53.09	2 53.51	2 53.92	2 54.34	2 54.75	0.041
11 40	0 20	3 50.33	3 50.89	3 51.44	3 52.00	3 52.55	3 53.10	0.056
11 35	0 25	4 48.09	4 48.78	4 49.48	4 50.17	4 50.86	4 51.54	0.069
11 30	0 30	5 45 95	5 46.79	5 47.62	5 48.45	5 49.27	5 50.10	0.083
11 25	0 35	6 43.95	6 44.92	6 45.89	6 46.86	6 47.82	6 48.78	0.097
11 20	0 40	7 42.11	7 43.22	7 44.33	7 45.43	7 46 53	7 47.62	0.110
11 15	0 45	8 40.46	8 41.70	8 42.94	8 44.17	8 45.40	8 46.63	0.123
11 10	0 50	9 39.00	9 40.38	9 41.76	9 43.12	9 44.49	9 45.85	0.136
11 5	0 55	10 37.77	10 39.28	10 40.79	10 42.30	10 43.79	10 45.29	0.151
11 0	1 0	11 36.79	11 38.44	11 40.08	11 41.71	11 43.35	11 44.97	0.163
10 55	1 5	12 36.09	12 37.87	12 39.64	12 41.40	12 43.16	12 44.91	0.176
10 50	1 10	13 35.68	13 37.59	13 39.49	13 41.38	13 43.27	13 45.15	0.189
10 45	1 15	14 35.59	14 37.63	14 39.66	14 41.68	14 43.69	14 45.69	0.202
10 40	1 20	15 35.85	15 38.01	15 40.16	15 42.31	15 44.45	15 46 58	0.215
10 35	1 25	16 36.47	16 38.76	16 41 04	16 43.30	16 45.56	16 47.82	0.226
10 30	1 30	17 37.48	17 39.89	17 42 29	17 44.68	17 47.06	17 49.43	0.239
10 25	1 35	18 38.90	18 41.43	18 43.96	18 46.47	18 48.96	18 51.45	0.251
10 20	1 40	19 40.76	19 43.41	19 46.05	19 48.68	19 51.29	19 53.90	0.263
10 15	1 45	20 43.09	20 45.85	20 48.61	20 51.35	20 54.08	20 56.80	0.274
10 10	1 50	21 45.90	21 48.78	21 51.64	21 54.49	21 57.33	22 0.16	0.285
10 5	1 55	22 49.22	22 52.20	22 55.17	22 58.13	23 1.08	23 4.02	0.296
10 0	2 0	23 53.07	23 56.16	23 59.24	24 2.30	24 5.35	24 8.40	0.306
9 55	2 5	24 57.48	25 0.67	25 3.85	25 7.02	25 10.17	25 13.30	0.317
9 50	2 10	26 2.46	26 5.75	26 9.03	26 12.30	26 15.54	26 18.78	0.327
9 45	2 15	27 8.04	27 11.43	27 14.80	27 18.17	27 21.51	27 24.84	0.337
9 40	2 20	28 14.26	28 17.74	28 21.21	28 24.66	28 28.09	28 31.50	0.345
9 35	2 25	29 21.13	29 24.70	29 28.25	29 31.78	29 35.29	29 38.80	0.353
9 30	2 30	30 28.67	30 32.32	30 35.95	30 39.56	30 43.15	30 46.74	0.361
9 25	2 35	31 36.91	31 40.63	31 44.34	31 48.02	31 51.69	31 55.35	0.368
9 20	2 40	32 45.85	32 49.65	32 53 43	32 57.19	33 0.93	33 4.65	0.376
9 15	2 45	33 55.54	33 59.40	34 3.24	34 7.07	34 10.88	34 14.67	0.383
9 10	2 50	35 5.99	35 9.91	35 13.82	35 17.70	35 21.57	35 25.42	0.388
9 5	2 55	36 17.21	36 21.19	36 25.16	36 29.10	36 33.01	36 36.91	0.394
9 0	3 0	37 29.25	37 33.28	37 37.28	37 41.27	37 45.24	37 49.19	0.399
8 55	3 5	38 42.09	38 46.16	38 50.21	38 54.24	38 58.24	39 2.23	0.403
8 50	3 10	39 55.78	39 59.90	40 3.98	40 8.03	40 12.07	40 16.09	0.405
8 45	3 15	41 10.31	41 14.45	41 18.56	41 22.65	41 26.72	41 30.76	0.409
8 40	3 20	42 25 73	42 29.89	42 34.02	42 38.12	42 42.21	42 46.27	0.410
8 35	3 25	43 42.03	43 46.19	43 50.33	43 54.45	43 58.54	44 2.62	0.412
8 30	3 30	44 59.22	45 3 39	45 7.54	45 11.66	45 15.76	45 19.83	0.412
8 25	3 35	46 17.32	46 21.49	46 25.63	46 29.75	46 33.84	46 37.90	0.412
8 20	3 40	47 36.34	47 40.49	47 44.62	47 48.72	47 52.80	47 56.85	0.410
8 15	3 45	48 56.29	49 0.42	49 4.52	49 8.60	49 12.66	49 16.69	0.408
8 10	3 50	50 17.17	50 21.27	50 25.34	50 29.39	50 33.41	50 37.41	0.405
8 5	3 55	51 38.99	51 43.05	51 47.08	51 51.08	51 55.06	51 59.02	0.400
8 0	4 0	53 1.74	53 5.75	53 9.73	53 13.68	53 17.61	53 21.51	0.395

III. Tafel. Winkelgrößen auf der Horizontal-Sonnenuhr.

Vormitt.	Nachmitt.	p = 50° 5′	p = 50° 15′	p = 50° 25′	p = 50° 35′	p = 50° 45′	p = 50° 55′	M. D. 1′
St. M.	St. M.	Gr. M.	Gr. M.	Gr. M.	Gr. M.	Gr. M.	Gr. M.	M.
7 55	4 5	54 25.44	54 29.38	54 33.29	54 37.19	54 41.06	54 44.90	0.390
7 50	4 10	55 50.06	55 53.93	55 57.78	56 1.60	56 5 39	56 9.17	0.382
7 45	4 15	57 15.61	57 19 40	57 23·17	57 26.91	57 30.62	57 34.31	0.374
7 40	4 20	58 42.07	58 45.77	58 49.45	58 53.10	58 56.72	59 0.32	0.365
7 35	4 25	60 9.44	60 13.04	60 16.61	60 20.16	60 23.68	60 27.18	0.355
7 30	4 30	61 37.70	61 41.19	61 44.65	61 48.08	61 51.49	61 54.88	0.343
7 25	4 35	63 6.82	63 10.19	63 13.53	63 16.84	63 20.13	63 23.39	0.331
7 20	4 40	64 36.80	64 40.03	64 43.23	64 46.41	64 49.57	64 52.70	0.318
7 15	4 45	66 7.59	66 10.67	66 13.73	66 16.77	66 19.79	66 22.78	0.304
7 10	4 50	67 39.17	67 42.10	67 45.01	67 47.90	67 50.76	67 53.60	0.289
7 5	4 55	69 11.51	69 14 28	69 17.02	69 19.75	69 22.45	69 25.13	0.273
7 0	5 0	70 44.57	70 47.16	70 49.74	70 52.29	70 54.82	70 57.34	0.255
6 55	5 5	72 18.31	72 20.72	72 23.11	72 25.49	72 27.85	72 30.18	0.238
6 50	5 10	73 52.69	73 54.91	73 57.11	73 59.30	74 1.47	74 3.62	0.219
6 45	5 15	75 27.66	75 29.68	75 31.69	75 33.68	75 35.66	75 37.62	0.199
6 40	5 20	77 3.17	77 4.99	77 6.79	77 8.58	77 10.36	77 12.12	0.179
6 35	5 25	78 39.17	78 40.78	78 42.37	78 43.95	78 45.52	78 47.08	0.158
6 30	5 30	80 15.61	80 17.00	80 18.38	80 19.74	80 21.09	80 22.44	0.136
6 25	5 35	81 52.42	81 53.58	81 54.74	81 55.89	81 57.02	81 58.15	0.115
6 20	5 40	83 29.54	83 30.48	83 31.41	83 32.33	83 33.25	83 34.16	0.092
6 15	5 45	85 6.93	85 7.64	85 8.34	85 9.03	85 9.72	85 10.41	0.069
6 10	5 50	86 44.52	86 44.99	86 45.46	86 45.92	86 46.38	86 46.83	0.046
6 5	5 55	88 22.22	88 22.46	88 22.69	88 22.92	88 23.16	88 23.39	0.023
6 0	6 0	90 0.00	90 0.00	90 0.00	90 0.00	90 0.00	90 0.00	0.000
5 55	6 5	91 37.78	91 37.54	91 37.31	91 37.08	91 36.84	91 36.61	0.023
5 50	6 10	93 15.48	93 15.01	93 14.54	93 14.08	93 13.62	93 13.17	0.046
5 45	6 15	94 53.07	94 52.36	94 51.66	94 50.97	94 50.28	94 49.59	0.069
5 40	6 20	96 30.46	96 29.52	96 28.59	96 27.67	96 26.75	96 25.84	0.092
5 35	6 25	98 7.58	98 6.42	98 5.26	98 4.11	98 2.98	98 1.85	0.115
5 30	6 30	99 44.39	99 43.00	99 41.62	99 40.26	99 38.91	99 37.56	0.136
5 25	6 35	101 20.83	101 19.22	101 17.63	101 16.05	101 14.48	101 12.92	0.158
5 20	6 40	102 56.83	102 55.01	102 53.21	102 51.42	102 49.64	102 47.88	0.179
5 15	6 45	104 32.34	104 30.32	104 28.31	104 26.32	104 24.34	104 22.38	0.199
5 10	6 50	106 7.31	106 5.09	106 2.89	106 0.70	105 58.53	105 56.38	0.219
5 5	6 55	107 41.69	107 39.28	107 36.89	107 34.51	107 32.15	107 29.82	0.238
5 0	7 0	109 15.43	109 12.84	109 10.26	109 7.71	109 5.18	109 2.66	0.255
4 55	7 5	110 48.49	110 45.72	110 42.98	110 40.25	110 37.55	110 34.87	0.273
4 50	7 10	112 20.83	112 17.90	112 14.99	112 12.10	112 9.24	112 6.40	0.289
4 45	7 15	113 52.41	113 49.33	113 46.27	113 43.23	113 40.21	113 37.22	0.304
4 40	7 20	115 23.20	115 19.97	115 16.77	115 13.59	115 10.43	115 7.30	0.318
4 35	7 25	116 53.18	116 49.81	116 46.47	116 43.16	116 39.87	116 36.61	0.331
4 30	7 30	118 22.30	118 18.81	118 15.35	118 11.92	118 8.51	118 5.12	0.343
4 25	7 35	119 50.56	119 46.96	119 43.39	119 39.84	119 36.32	119 32.82	0.355
4 20	7 40	121 17.93	121 14.23	121 10.55	121 6.90	121 3.28	120 59.68	0.365
4 15	7 45	122 44.39	122 40.60	122 36.83	122 33.09	122 29.38	122 25.69	0·374
4 10	7 50	124 9.94	124 6.07	124 2.22	123 58.40	123 54.61	123 50.83	0.382
4 5	7 55	125 34.56	125 30.62	125 26.71	125 22.81	125 18.94	125 15.10	0.390
4 0	8 0	126 58.26	126 54.25	126 50.27	126 46.32	126 42.39	126 38.49	0.395

III. Tafel. Winkelgrößen auf der Horizontal-Sonnenuhr.

Vormitt.	Nachmitt.	p = 51° 5′	p = 51° 15′	p = 51° 25′	p = 51° 35′	p = 51° 45′	p = 51° 55′	M. D. 1′
St. M.	St. M	Gr. M.	Gr. M.	Gr. M.	Gr. M.	Gr. M.	Gr. M.	M.
11 55	0 5	0 58.36	0 58.50	0 58.63	0 58.77	0 58.90	0 59.04	0.014
11 50	0 10	1 56.74	1 57.01	1 57.28	1 57.56	1 57.83	1 58.09	0.028
11 45	0 15	2 55.16	2 55.57	2 55.98	2 56.39	2 56.79	2 57.20	0.041
11 40	0 20	3 53.65	3 54.20	3 54.74	3 55.28	3 55.82	3 56.36	0.054
11 35	0 25	4 52.22	4 52.91	4 53.59	4 54 27	4 54.94	4 55.61	0.068
11 30	0 30	5 50.92	5 51.73	5 52.55	5 53.36	5 54.17	5 54.97	0.081
11 25	0 35	6 49.74	6 50.69	6 51.64	6 52.58	6 53.52	6 54.46	0.094
11 20	0 40	7 48.71	7 49.79	7 50.88	7 51.96	7 53.03	7 54.10	0.108
11 15	0 45	8 47.86	8 49.08	8 50.29	8 51.50	8 52.70	8 53.90	0.121
11 10	0 50	9 47.20	9 48.56	9 49.90	9 51.24	9 52.57	9 53.90	0.134
11 5	0 55	10 46.77	10 48.25	10 49.73	10 51.20	10 52.66	10 54.12	0.147
11 0	1 0	11 46.58	11 48.19	11 49.80	11 51.40	11 52.99	11 54.57	0.160
10 55	1 5	12 46.66	12 48.40	12 50.13	12 51.85	12 53.57	12 55.28	0.172
10 50	1 10	13 47.02	13 48.89	13 50.74	13 52.59	13 54.44	13 56.27	0.185
10 45	1 15	14 47.69	14 49.68	14 51.66	14 53.64	14 55.60	14 57.56	0.198
10 40	1 20	15 48.70	15 50.81	15 52.91	15 55.01	15 57.10	15 59.18	0.210
10 35	1 25	16 50.06	16 52.29	16 54.52	16 56.74	16 58.94	17 1.14	0.222
10 30	1 30	17 51.80	17 54.15	17 56.49	17 58.82	18 1.15	18 3.46	0.233
10 25	1 35	18 53.93	18 56.40	18 58.86	19 1.31	19 3.75	19 6.18	0.245
10 20	1 40	19 56.49	19 59.08	20 1.65	20 4.21	20 6.76	20 9.30	0.256
10 15	1 45	20 59.50	21 2.19	21 4.88	21 7.55	21 10.21	21 12.86	0.267
10 10	1 50	22 2.97	22 5.78	22 8.57	22 11.34	22 14.11	22 16.87	0.277
10 5	1 55	23 6.94	23 9 84	23 12.74	23 15.63	23 18.50	23 21 36	0.289
10 0	2 0	24 11.42	24 14.43	24 17.42	24 20.40	24 23.38	24 26.34	0.298
9 55	2 5	25 16.43	25 19.54	25 22.64	25 25.72	25 28.79	25 31.84	0.308
9 50	2 10	26 22.00	26 25.21	26 28.40	26 31.57	26 34.73	26 37.88	0.317
9 45	2 15	27 28.15	27 31.45	27 34.73	27 38.00	27 41.25	27 44.48	0.327
9 40	2 20	28 34.90	28 38.29	28 41.65	28 45.00	28 48.34	28 51.66	0.335
9 35	2 25	29 42.28	29 45.75	29 49.20	29 52.63	29 56.05	29 59.45	0.343
9 30	2 30	30 50.30	30 53.85	30 57.37	31 0.88	31 4.38	31 7.85	0.351
9 25	2 35	31 58.99	32 2.61	32 6.21	32 9.79	32 13.35	32 16.90	0.358
9 20	2 40	33 8.36	33 12.05	33 15.71	33 19.37	33 22.99	33 26.61	0.365
9 15	2 45	34 18.44	34 22.19	34 25.92	34 29.63	34 33.32	34 37.00	0.371
9 10	2 50	35 29.24	35 33.05	35 36.84	35 40.61	35 44.35	35 48.08	0.377
9 5	2 55	36 40.79	36 44.65	36 48.49	36 52.30	36 56.10	36 59.88	0.381
9 0	3 0	37 53.11	37 57.01	38 0.89	38 4.75	38 8.59	38 12.40	0.386
8 55	3 5	39 6.20	39 10.14	39 14.06	39 17.95	39 21.83	39 25.68	0.389
8 50	3 10	40 20.08	40 24.06	40 28.01	40 31.93	40 35.84	40 39.72	0.392
8 45	3 15	41 34.78	41 38.78	41 42.75	41 46.70	41 50.63	41 54.54	0.395
8 40	3 20	42 50.30	42 54.32	42 58.31	43 2.28	43 6.22	43 10.14	0.397
8 35	3 25	44 6.67	44 10.69	44 14.69	44 18.67	44 22.62	44 26.55	0.398
8 30	3 30	45 23.88	45 27.90	45 31.90	45 35.88	45 39.83	45 43.76	0.398
8 25	3 35	46 41.94	46 45.96	46 49.96	46 53.93	46 57.87	47 1.79	0.397
8 20	3 40	48 0.88	48 4.88	48 8.86	48 12.81	48 16.74	48 20.65	0.395
8 15	3 45	49 20.69	49 24.67	49 28.62	49 32.55	49 36.45	49 40.33	0.393
8 10	3 50	50 41.38	50 45.32	50 49.24	50 53.14	50 57.01	51 0.85	0.390
8 5	3 55	52 2.95	52 6.85	52 10.72	52 14.57	52 18.40	52 22.20	0.385
8 0	4 0	53 25.39	53 29.24	53 33.07	53 36.87	53 40.64	53 44.39	0.380

III. Tafel. Winkelgrößen auf der Horizontal-Sonnenuhr.

Vormitt.	Nachmitt.	p = 51° 5′	p = 51° 15′	p = 51° 25′	p = 51° 35′	p = 51° 45′	p = 51° 55′	M. D. 1′
St. M.	St. M.	Gr. M.	Gr. M.	Gr. M.	Gr. M.	Gr. M.	Gr. M.	M.
7 55	4 5	54 48.72	54 52.51	54 56.27	55 0.00	55 3.72	55 7.41	0.373
7 50	4 10	56 12.91	56 16.63	56 20.32	56 23.99	56 27.64	56 31.26	0.367
7 45	4 15	57 37.97	57 41.61	57 45.23	57 48.81	57 52.37	57 55.91	0.358
7 40	4 20	59 3.89	59 7.44	59 10.96	59 14.46	59 17.93	59 21.38	0.350
7 35	4 25	60 30.65	60 34.10	60 37.52	60 40.92	60 44.29	60 47.64	0.340
7 30	4 30	61 58.24	62 1.58	62 4.89	62 8.18	62 11.44	62 14.68	0.329
7 25	4 35	63 26.63	63 29.85	63 33.04	63 36.21	63 39.36	63 42.48	0.317
7 20	4 40	64 55.81	64 58.90	65 1.96	65 5.00	65 8.02	65 11.02	0.304
7 15	4 45	66 25.75	66 28.70	66 31.63	66 34.53	66 37.41	66 40.27	0.290
7 10	4 50	67 56.42	67 59.22	68 2.00	68 4.76	68 7.49	68 10.21	0.276
7 5	4 55	69 27.80	69 30.44	69 33.06	69 35.66	69 38.24	69 40.80	0.260
7 0	5 0	70 59.84	71 2.31	71 4.77	71 7.21	71 9.63	71 12.03	0.244
6 55	5 5	72 32.50	72 34.81	72 37.09	72 39.36	72 41.60	72 43.83	0.227
6 50	5 10	74 5.76	74 7.88	74 9.98	74 12.07	74 14.14	74 16.19	0.209
6 45	5 15	75 39.56	75 41.49	75 43.41	75 45.31	75 47.19	75 49.06	0.190
6 40	5 20	77 13.87	77 15.60	77 17.32	77 19.02	77 20.71	77 22.39	0.170
6 35	5 25	78 48.62	78 50.15	78 51.67	78 53.17	78 54.67	78 56.15	0.150
6 30	5 30	80 23.77	80 25.09	80 26.41	80 27.71	80 29.00	80 30.28	0.130
6 25	5 35	81 59.27	82 0.38	82 1.48	82 2.57	82 3.65	82 4.73	0.109
6 20	5 40	83 35.06	83 35.95	83 36.84	83 37.72	83 38.59	83 39.45	0.088
6 15	5 45	85 11.09	85 11.76	85 12.43	85 13.09	85 13.74	85 14.40	0.066
6 10	5 50	86 47.29	86 47.74	86 48.19	86 48.63	86 49.07	86 49.50	0.044
6 5	5 55	88 23.62	88 23.84	88 24.07	88 24.29	88 24.51	88 24.72	0.022
6 0	6 0	90 0.00	90 0.00	90 0.00	90 0.00	90 0.00	90 0.00	0.000
5 55	6 5	91 36.38	91 36.16	91 35.93	91 35.71	91 35.49	91 35.28	0.022
5 50	6 10	93 12.71	93 12.26	93 11.81	93 11.37	93 10.93	93 10.50	0.044
5 45	6 15	94 48.91	94 48.24	94 47.57	94 46.91	94 46.26	94 45.60	0.066
5 40	6 20	96 24.94	96 24.05	96 23.16	96 22.28	96 21.41	96 20.55	0.088
5 35	6 25	98 0.73	97 59.62	97 58.52	97 57.43	97 56.35	97 55.27	0.109
5 30	6 30	99 36.23	99 34.91	99 33.59	99 32.29	99 31.00	99 29.72	0.130
5 25	6 35	101 11.38	101 9.85	101 8.33	101 6.83	101 5.33	101 3.85	0.150
5 20	6 40	102 46.13	102 44.40	102 42.68	102 40.98	102 39.29	102 37.61	0.170
5 15	6 45	104 20.44	104 18.51	104 16.59	104 14.69	104 12.81	104 10.94	0.190
5 10	6 50	105 54.24	105 52.12	105 50.02	105 47.93	105 45.86	105 43.81	0.209
5 5	6 55	107 27.50	107 25.19	107 22.91	107 20.64	107 18.40	107 16.17	0.227
5 0	7 0	109 0.16	108 57.69	108 55.23	108 52.79	108 50.37	108 47.97	0.244
4 55	7 5	110 32.20	110 29.56	110 26.94	110 24.34	110 21.76	110 19.20	0.260
4 50	7 10	112 3.58	112 0.78	111 58.00	111 55.24	111 52.51	111 49.79	0.276
4 45	7 15	113 34.25	113 31.30	113 28.37	113 25.47	113 22.59	113 19.73	0.290
4 40	7 20	115 4.19	115 1.10	114 58.04	114 55.00	114 51.98	114 48.98	0.304
4 35	7 25	116 33.37	116 30.15	116 26.96	116 23.79	116 20.64	116 17.52	0.317
4 30	7 30	118 1.76	117 58.42	117 55.11	117 51.82	117 48.56	117 45.32	0.329
4 25	7 35	119 29.35	119 25.90	119 22.48	119 19.08	119 15.71	119 12.36	0.340
4 20	7 40	120 56.11	120 52.56	120 49.04	120 45.54	120 42.07	120 38.62	0.350
4 15	7 45	122 22.03	122 18.39	122 14.77	122 11.19	122 7.63	122 4.09	0.358
4 10	7 50	123 47.09	123 43.37	123 39.68	123 36.01	123 32.36	123 28.74	0.367
4 5	7 55	125 11.28	125 7.49	125 3.73	125 0.00	124 56.28	124 52.59	0.373
4 0	8 0	126 34.61	126 30.76	126 26.93	126 23.13	126 19.36	126 15.61	0.380

III. Tafel. Winkelgrößen auf der Horizontal-Sonnenuhr.

Vormitt.	Nachmitt.	$p = 52° 5'$	$p = 52° 15'$	$p = 52° 25'$	$p = 52° 35'$	$p = 52° 45'$	$p = 52° 55'$	M. D. 1'
St. M.	St. M.	Gr. M.	Gr. M.	Gr. M.	Gr. M.	Gr. M.	Gr. M.	M.
11 55	0 5	0 59.17	0 59.31	0 59.44	0 59.57	0 59.70	0 59.84	0.013
11 50	0 10	1 58.36	1 58.63	1 58.90	1 59.16	1 59.43	1 59.69	0.026
11 45	0 15	2 57.60	2 58.00	2 58.40	2 58.80	2 59.19	2 59.59	0.040
11 40	0 20	3 56.90	3 57.43	3 57.96	3 58.49	3 59.02	3 59.55	0.053
11 35	0 25	4 56.28	4 56.95	4 57.61	4 58.28	4 58.94	4 59.59	0.067
11 30	0 30	5 55.77	5 56.57	5 57.37	5 58.16	5 58.96	5 59.74	0.079
11 25	0 35	6 55.39	6 56.32	6 57.25	6 58.17	6 59.09	7 0.01	0.092
11 20	0 40	7 55.16	7 56.22	7 57.28	7 58.33	7 59.38	8 0.42	0.105
11 15	0 45	8 55.10	8 56.29	8 57.48	8 58.66	8 59.83	9 1.00	0.118
11 10	0 50	9 55.23	9 56.55	9 57.86	9 59.17	10 0.47	10 1.77	0.131
11 5	0 55	10 55.57	10 57.02	10 58.46	10 59.90	11 1.33	11 2.75	0.144
11 0	1 0	11 56.15	11 57.72	11 59.29	12 0.85	12 2.40	12 3.95	0.156
10 55	1 5	12 56.99	12 58.69	13 0.38	13 2.06	13 3.74	13 5.41	0.168
10 50	1 10	13 58.10	13 59.92	14 1.73	14 3.54	14 5.34	14 7.13	0.181
10 45	1 15	14 59.51	15 1.46	15 3.39	15 5.32	15 7.24	15 9.15	0.193
10 40	1 20	16 1.25	16 3.31	16 5.36	16 7.41	16 9.45	16 11.48	0.205
10 35	1 25	17 3.32	17 5.50	17 7.68	17 9.84	17 11.99	17 14.13	0.216
10 30	1 30	18 5.77	18 8.06	18 10.35	18 12.62	18 14.89	18 17.15	0.227
10 25	1 35	19 8.60	19 11.00	19 13.40	19 15.79	19 18.16	19 20.53	0.239
10 20	1 40	20 11.83	20 14.35	20 16.86	20 19.35	20 21.84	20 24.32	0.249
10 15	1 45	21 15.50	21 18.12	21 20.74	21 23.34	21 25.93	21 28.51	0.260
10 10	1 50	22 19.61	22 22.34	22 25.06	22 27.77	22 30.47	22 33.15	0.271
10 5	1 55	23 24.20	23 27.03	23 29.86	23 32.67	23 35.46	23 38.24	0.281
10 0	2 0	24 29.28	24 32.22	24 35.13	24 38.04	24 40.93	24 43.81	0.291
9 55	2 5	25 34.88	25 37.91	25 40.92	25 43.92	25 46.90	25 49.88	0.300
9 50	2 10	26 41.01	26 44.13	26 47.24	26 50.32	26 53.40	26 56.46	0.308
9 45	2 15	27 47.70	27 50.91	27 54.10	27 57.27	28 0.44	28 3.58	0.317
9 40	2 20	28 54.97	28 58.26	29 1.53	29 4.79	29 8.03	29 11.26	0.326
9 35	2 25	30 2.83	30 6.20	30 9.55	30 12.89	30 16.21	30 19.51	0.334
9 30	2 30	31 11.31	31 14.76	31 18.18	31 21.59	31 24.98	31 28.35	0.341
9 25	2 35	32 20.43	32 23.94	32 27.44	32 30.91	32 34.37	32 37.81	0.347
9 20	2 40	33 30.20	33 33.78	33 37.34	33 40.88	33 44.40	33 47.90	0.354
9 15	2 45	34 40.65	34 44.28	34 47.90	34 51.50	34 55.08	34 58.64	0.360
9 10	2 50	35 51.79	35 55.48	35 59.14	36 2.79	36 6.42	36 10.03	0.365
9 5	2 55	37 3.63	37 7.37	37 11.09	37 14.78	37 18.46	37 22.11	0.369
9 0	3 0	38 16.21	38 19.98	38 23.74	38 27.48	38 31.19	38 34.89	0.374
8 55	3 5	39 29.52	39 33.33	39 37.12	39 40.89	39 44.64	39 48.37	0.377
8 50	3 10	40 43.59	40 47.43	40 51.25	40 55.04	40 58.82	41 2.57	0.379
8 45	3 15	41 58.42	42 2.29	42 6.13	42 9.94	42 13.74	42 17.51	0.381
8 40	3 20	43 14.04	43 17.92	43 21.77	43 25.60	43 29.41	43 33.19	0.383
8 35	3 25	44 30.45	44 34.33	44 38.19	44 42.03	44 45.84	44 49.63	0.384
8 30	3 30	45 47.66	45 51.54	45 55.40	45 59.24	46 3.05	46 6.84	0.384
8 25	3 35	47 5.69	47 9.56	47 13.41	47 17.23	47 21.03	47 24.81	0.382
8 20	3 40	48 24.53	48 28.38	48 32.21	48 36.02	48 39.80	48 43.56	0.381
8 15	3 45	49 44.19	49 48.02	49 51.82	49 55.60	49 59.36	50 3.09	0.378
8 10	3 50	51 4.67	51 8.47	51 12.24	51 15.98	51 19.70	51 23.40	0.374
8 5	3 55	52 25.98	52 29.73	52 33.46	52 37.16	52 40.84	52 44.50	0.370
8 0	4 0	53 48.12	53 51.82	53 55.49	53 59.14	54 2.77	54 6.37	0.365

III. Tafel. Winkelgrößen auf der Horizontal-Sonnenuhr.

Vormitt.	Nachmitt.	p = 52° 5'	p = 52° 15'	p = 52° 25'	p = 52° 35'	p = 52° 45'	p = 52° 55'	M. D. 1'
St. M.	St. M.	Gr. M.	Gr. M.	Gr. M.	Gr. M.	Gr. M.	Gr. M.	M.
7 55	4 5	55 11.07	55 14.71	55 18.33	55 21.92	55 25.48	55 29.02	0.359
7 50	4 10	56 34.85	56 38.42	56 41.96	56 45.48	56 48.98	56 52.45	0.352
7 45	4 15	57 59.43	58 2.92	58 6.38	58 9.82	58 13.24	58 16.63	0.344
7 40	4 20	59 24.81	59 28.21	59 31.58	59 34.93	59 38.26	59 41.57	0.335
7 35	4 25	60 50.97	60 54.27	60 57.55	61 0.80	61 4.03	61 7.24	0.325
7 30	4 30	62 17.90	62 21.10	62 24.27	62 27.41	62 30.54	62 33.64	0.314
7 25	4 35	63 45.58	63 48.66	63 51.72	63 54.75	63 57.76	64 0.75	0.303
7 20	4 40	65 13.99	65 16.95	65 19.88	65 22.78	65 25.67	65 28.54	0.290
7 15	4 45	66 43.11	66 45.93	66 48.72	66 51.50	66 54 25	66 56.99	0.278
7 10	4 50	68 12.90	68 15.58	68 18.23	68 20.87	68 23.48	68 26.07	0.264
7 5	4 55	69 43.35	69 45.87	69 48.37	69 50.86	69 53.32	69 55.77	0.249
7 0	5 0	71 14.41	71 16.77	71 19.11	71 21.44	71 23.75	71 26.04	0.233
6 55	5 5	72 46.05	72 48.24	72 50.42	72 52.58	72 54.72	72 56.85	0.216
6 50	5 10	74 18.23	74 20.25	74 22.25	74 24.24	74 26.22	74 28.17	0.199
6 45	5 15	75 50.91	75 52.75	75 54.58	75 56.39	75 58.18	75 59.96	0.181
6 40	5 20	77 24.06	77 25.71	77 27.35	77 28.98	77 30.59	77 32.19	0.163
6 35	5 25	78 57.62	78 59.08	79 0.52	79 1.96	79 3.38	79 4.79	0.144
6 30	5 30	80 31.55	80 32.81	80 34.06	80 35.30	80 36.52	80 37.74	0.124
6 25	5 35	82 5.79	82 6.85	82 7.90	82 8.94	82 9.97	82 10.99	0.104
6 20	5 40	83 40.31	83 41.16	83 42.00	83 42 84	83 43.67	83 44.49	0.084
6 15	5 45	85 15.04	85 15.68	85 16.32	85 16.95	85 17.57	85 18.19	0.063
6 10	5 50	86 49.94	86 50.37	86 50.79	86 51.21	86 51.63	86 52.04	0.042
6 5	5 55	88 24.94	88 25.16	88 25.37	88 25.58	88 25.79	88 26.00	0.021
6 0	6 0	90 0.00	90 0.00	90 0.00	90 0.00	90 0.00	90 0.00	0.000
5 55	6 5	91 35.06	91 34.84	91 34.63	91 34.42	91 34.21	91 34.00	0.021
5 50	6 10	93 10.06	93 9.63	93 9.21	93 8.79	93 8.37	93 7.96	0.042
5 45	6 15	94 44.96	94 44.32	94 43.68	94 43.05	94 42.43	94 41 81	0.063
5 40	6 20	96 19.69	96 18.84	96 18.00	96 17.16	96 16.33	96 15 51	0.084
5 35	6 25	97 54.21	97 53.15	97 52.10	97 51.06	97 50.03	97 49.01	0.104
5 30	6 30	99 28.45	99 27.19	99 25.94	99 24.70	99 23.48	99 22.26	0.124
5 25	6 35	101 2.38	101 0.92	100 59.48	100 58.04	100 56.62	100 55.21	0.144
5 20	6 40	102 35.94	102 34.29	102 32.65	102 31.02	102 29.41	102 27.81	0.163
5 15	6 45	104 9.09	104 7.25	104 5.42	104 3.61	104 1.82	104 0.04	0.181
5 10	6 50	105 41.77	105 39.75	105 37.75	105 35.76	105 33.78	105 31.83	0.199
5 5	6 55	107 13.95	107 11.76	107 9.58	107 7.42	107 5.28	107 3.15	0.216
5 0	7 0	108 45.59	108 43.23	108 40.89	108 38.56	108 36.25	108 33.96	0.233
4 55	7 5	110 16.65	110 14.13	110 11.63	110 9.14	110 6.68	110 4.23	0.249
4 50	7 10	111 47.10	111 44.42	111 41.77	111 39.13	111 36.52	111 33.93	0.264
4 45	7 15	113 16.89	113 14.07	113 11.28	113 8.50	113 5.75	113 3.01	0.278
4 40	7 20	114 46.01	114 43.05	114 40.12	114 37.22	114 34.33	114 31.46	0.290
4 35	7 25	116 14.42	116 11.34	116 8.28	116 5.25	116 2.24	115 59.25	0.303
4 30	7 30	117 42.10	117 38.90	117 35.73	117 32.59	117 29.46	117 26.36	0.314
4 25	7 35	119 9.03	119 5.73	119 2.45	118 59.20	118 55.97	118 52.76	0.325
4 20	7 40	120 35.19	120 31.79	120 28.42	120 25.07	120 21.74	120 18.43	0.335
4 15	7 45	122 0.57	121 57.08	121 53.62	121 50.18	121 46.76	121 43.37	0.344
4 10	7 50	123 25.15	123 21.58	123 18.04	123 14.52	123 11.02	123 7.55	0.352
4 5	7 55	124 48.93	124 45.29	124 41.67	124 38.08	124 34.52	124 30.98	0.359
4 0	8 0	126 11.88	126 8.18	126 4.51	126 0.86	125 57.23	125 53.63	0.365

III. Tafel. Winkelgrößen auf der Horizontal-Sonnenuhr.

Vormitt.		Nachmitt.		p = 53° 5′		p = 53° 15′		p = 53° 25′		p = 53° 35′		p = 53° 45′		p = 53° 55′		M.D 1′
St.	M.	St.	M.	Gr.	M.	Gr.	M.	Gr.	M.	Gr.	M.	Gr.	M.	Gr.	M.	M.
11	55	0	5	0	59.97	1	0.10	1	0.23	1	0.36	1	0.49	1	0.62	0.013
11	50	0	10	1	59.95	2	0.22	2	0.48	2	0.73	2	0.99	2	1.25	0.025
11	45	0	15	2	59.98	3	0.37	3	0.76	3	1.15	3	1.54	3	1.93	0.039
11	40	0	20	4	0.07	4	0.59	4	1.11	4	1.63	4	2.15	4	2.66	0.052
11	35	0	25	5	0.25	5	0.89	5	1.54	5	2.19	5	2.84	5	3.48	0.065
11	30	0	30	6	0.52	6	1.30	6	2.08	6	2.85	6	3.62	6	4.39	0.077
11	25	0	35	7	0.92	7	1.83	7	2.73	7	3.64	7	4.53	7	5.43	0.091
11	20	0	40	8	1.46	8	2.50	8	3.53	8	4.56	8	5.59	8	6.60	0.103
11	15	0	45	9	2.17	9	3.33	9	4.49	9	5.65	9	6.80	9	7.94	0.116
11	10	0	50	10	3.07	10	4.36	10	5.64	10	6.92	10	8.19	10	9.46	0.128
11	5	0	55	11	4.17	11	5.58	11	6.99	11	8.40	11	9.79	11	11.17	0.141
11	0	1	0	12	5.49	12	7.03	12	8.56	12	10.08	12	11.60	12	13.11	0.152
10	55	1	5	13	7.07	13	8.73	13	10.38	13	12.02	13	13.66	13	15.29	0.164
10	50	1	10	14	8.92	14	10.69	14	12.46	14	14.22	14	15.98	14	17.73	0.176
10	45	1	15	15	11.05	15	12.94	15	14.83	15	16.71	15	18.58	15	20.45	0.188
10	40	1	20	16	13.49	16	15.50	16	17.51	16	19.50	16	21.49	16	23.46	0.199
10	35	1	25	17	16.27	17	18.39	17	20.51	17	22.62	17	24.71	17	26.80	0.211
10	30	1	30	18	19.39	18	21.63	18	23.86	18	26.08	18	28.28	18	30.48	0.222
10	25	1	35	19	22.89	19	25.24	19	27.57	19	29.90	19	32.22	19	34.52	0.233
10	20	1	40	20	26.78	20	29.23	20	31.68	20	34.11	20	36.53	20	38.94	0.243
10	15	1	45	21	31.08	21	33.64	21	36.19	21	38.72	21	41.25	21	43.76	0.253
10	10	1	50	22	35.82	22	38.48	22	41.13	22	43.76	22	46.38	22	49.00	0.263
10	5	1	55	23	41.01	23	43.76	23	46.51	23	49.25	23	51.96	23	54.67	0.274
10	0	2	0	24	46.67	24	49.53	24	52.37	24	55.19	24	58.00	25	0.80	0.282
9	55	2	5	25	52.83	25	55.78	25	58.71	26	1.62	26	4.52	26	7.41	0.291
9	50	2	10	26	59.51	27	2.54	27	5.55	27	8.55	27	11.54	27	14.51	0.300
9	45	2	15	28	6.71	28	9.82	28	12.92	28	16.01	28	19.08	28	22.13	0.309
9	40	2	20	29	14.47	29	17.66	29	20.84	29	24.00	29	27.15	29	30.28	0.316
9	35	2	25	30	22.79	30	26.06	30	29.32	30	32.55	30	35.77	30	38.97	0.323
9	30	2	30	31	31.71	31	35.05	31	38.37	31	41.68	31	44.97	31	48.24	0.331
9	25	2	35	32	41.24	32	44.64	32	48.03	32	51.40	32	54.75	32	58.09	0.337
9	20	2	40	33	51.38	33	54.85	33	58.30	34	1.73	34	5.15	34	8.54	0.343
9	15	2	45	35	2.18	35	5.70	35	9.20	35	12.69	35	16.15	35	19.60	0.349
9	10	2	50	36	13.63	36	17.20	36	20.75	36	24.28	36	27.79	36	31.29	0.353
9	5	2	55	37	25.75	37	29.37	37	32.96	37	36.54	37	40.09	37	43.63	0.358
9	0	3	0	38	38.56	38	42.22	38	45.85	38	49.46	38	53.06	38	56.63	0.361
8	55	3	5	39	52.08	39	55.76	39	50.43	40	3.07	40	6.69	40	10.30	0.364
8	50	3	10	41	6.31	41	10.02	41	13.70	41	17.37	41	21.02	41	29.65	0.367
8	45	3	15	42	21.26	42	24.99	42	28.70	42	32.39	42	36.05	42	39.69	0.369
8	40	3	20	43	36.96	43	40.70	43	44.42	43	48.11	43	51.79	43	55.44	0.369
8	35	3	25	44	53.40	44	57.15	45	0.87	45	4.57	45	8.25	45	11.90	0.370
8	30	3	30	46	10.60	46	14.34	46	18.06	46	21.76	46	25.43	46	29.08	0.371
8	25	3	35	47	28.56	47	32.29	47	36.00	47	39.69	47	43.35	47	46.98	0.369
8	20	3	40	48	47.30	48	51.01	48	54.70	48	58.36	49	2.00	49	5.62	0.366
8	15	3	45	50	6.80	50	10.48	50	14.14	50	17.78	50	21.40	50	24.99	0.364
8	10	3	50	51	27.08	51	30.73	51	34.35	51	37.95	51	41.53	51	45.08	0.360
8	5	3	55	52	48.13	52	51.73	52	55.31	52	58.87	53	2.41	53	5.92	0.356
8	0	4	0	54	9.95	54	13.50	54	17.03	54	20.54	54	24.02	54	27.48	0.351

III. Tafel. Winkelgrößen auf der Horizontal-Sonnenuhr.

Vormitt.	Nachmitt.	p = 53° 5′	p = 53° 15′	p = 53° 25′	p = 53° 35′	p = 53° 45′	p = 53° 55′	M. D. 1′
St. M.	St. M.	Gr. M.	Gr. M.	Gr. M.	Gr. M.	Gr. M.	Gr. M.	M.
7 55	4 5	55 32.54	55 36.03	55 39.50	55 42.95	55 46.37	55 49.77	0.345
7 50	4 10	56 55.89	56 59.32	57 2.72	57 6.09	57 9.44	57 12.77	0.337
7 45	4 15	58 20.00	58 23.34	58 26.67	58 29.97	58 33.24	58 36.49	0.330
7 40	4 20	59 44.85	59 48.11	59 51.34	59 54.55	59 57.74	60 0.91	0.321
7 35	4 25	61 10.43	61 13.59	61 16.73	61 19.85	61 22.94	61 26.01	0.312
7 30	4 30	62 36.72	62 39.78	62 42.81	62 45.83	62 48.82	62 51.79	0.302
7 25	4 35	64 3.71	64 6.66	64 9.58	64 12.48	64 15.36	64 18.22	0.290
7 20	4 40	65 31.38	65 34.20	65 37.00	65 39.78	65 42.54	65 45.28	0.278
7 15	4 45	66 59.70	67 2.39	67 5.06	67 7.72	67 10.35	67 12.96	0.266
7 10	4 50	68 28.65	68 31.20	68 33.73	68 36.25	68 38.75	68 41.22	0.252
7 5	4 55	69 58.19	70 0.60	70 2.99	70 5.36	70 7.72	70 10.05	0.237
7 0	5 0	71 28.31	71 30.57	71 32.80	71 35.02	71 37.22	71 39.41	0.222
6 55	5 5	72 58.97	73 1.06	73 3.13	73 5.19	73 7.24	73 9.27	0.206
6 50	5 10	74 30.11	74 32.04	74 33.95	74 35.85	74 37.73	74 39.60	0.190
6 45	5 15	76 1.73	76 3.49	76 5.23	76 6.93	76 8.65	76 10.36	0.172
6 40	5 20	77 33.78	77 35.35	77 36.91	77 38.46	77 40.00	77 41.52	0.155
6 35	5 25	79 6.19	79 7.58	79 8.96	79 10.33	79 11.69	79 13.03	0.137
6 30	5 30	80 38.95	80 40.15	80 41.34	80 42.52	80 43.69	80 44.85	0.118
6 25	5 35	82 12.01	82 13.01	82 14.01	82 15.00	82 15.96	82 16.96	0.099
6 20	5 40	83 45.30	83 46.11	83 46.92	83 47.71	83 48.50	83 49.29	0.079
6 15	5 45	85 18.80	85 19.41	85 20.02	85 20.62	85 21.21	85 21.80	0.060
6 10	5 50	86 52.45	86 52.86	86 53.26	86 53.66	86 54.06	86 54.46	0.040
6 5	5 55	88 26.20	88 26.40	88 26.61	88 26.81	88 27.01	88 27.20	0.020
6 0	6 0	90 0.00	90 0.00	90 0.00	90 0.00	90 0.00	90 0.00	0.000
5 55	6 5	91 33.80	91 33.60	91 33.39	91 33.19	91 32.99	91 32.80	0.020
5 50	6 10	93 7.55	93 7.14	93 6.74	93 6.34	93 5.94	93 5.54	0.040
5 45	6 15	94 41.20	94 40.59	94 39.98	94 39.38	94 38.79	94 38.20	0.060
5 40	6 20	96 14.70	96 13.89	96 13.08	96 12.29	96 11.50	96 10.71	0.079
5 35	6 25	97 47.99	97 46.99	97 45.99	97 45.00	97 44.04	97 43.04	0.099
5 30	6 30	99 21.05	99 19.85	99 18.66	99 17.48	99 16.31	99 15.15	0.118
5 25	6 35	100 53.81	100 52.42	100 51.04	100 49.67	100 48.31	100 46.97	0.137
5 20	6 40	102 26.22	102 24.65	102 23.09	102 21.54	102 20.00	102 18.48	0.155
5 15	6 45	103 58.27	103 56.51	103 54.77	103 53.07	103 51.35	103 49.64	0.172
5 10	6 50	105 29.89	105 27.96	105 26.05	105 24.15	105 22.27	105 20.40	0.190
5 5	6 55	107 1.03	106 58.94	106 56.87	106 54.81	106 52.76	106 50.73	0.206
5 0	7 0	108 31.69	108 29.43	108 27.20	108 24.98	108 22.78	108 20.59	0.222
4 55	7 5	110 1.81	109 59.40	109 57.01	109 54.64	109 52.28	109 49.95	0.237
4 50	7 10	111 31.35	111 28.80	111 26.27	111 23.75	111 21.25	111 18.78	0.252
4 45	7 15	113 0.30	112 57.61	112 54.94	112 52.28	112 49.65	112 47.04	0.266
4 40	7 20	114 28.62	114 25.80	114 23.00	114 20.22	114 17.46	114 14.72	0.278
4 35	7 25	115 56.29	115 53.34	115 50.42	115 47.52	115 44.64	115 41.78	0.290
4 30	7 30	117 23.28	117 20.22	117 17.19	117 14.17	117 11.18	117 8.21	0.302
4 25	7 35	118 49.57	118 46.41	118 43.27	118 40.15	118 37.06	118 33.99	0.312
4 20	7 40	120 15.15	120 11.89	120 8.66	120 5.45	120 2.26	119 59.09	0.321
4 15	7 45	121 40.00	121 36.66	121 33.33	121 30.03	121 26.76	121 23.51	0.330
4 10	7 50	123 4.11	123 0.68	122 57.28	122 53.91	122 50.56	122 47.23	0.337
4 5	7 55	124 27.46	124 23.97	124 20.50	124 17.05	124 13.63	124 10.23	0.345
4 0	8 0	125 50.05	125 46.50	125 42.97	125 39.46	125 35.98	125 32.52	0.351

III. Tafel. Winkelgrößen auf der Horizontal-Sonnenuhr.

Vormitt.	Nachmitt.	p = 54° 5′	p = 54° 15′	p = 54° 25′	p = 54° 35′	p = 54° 45′	p = 54° 55′	M. D. 1′
St. M.	St. M.	Gr. M.	Gr. M.	Gr. M.	Gr. M.	Gr. M.	Gr. M.	M.
11 55	0 5	1 0.74	1 0.87	1 1.00	1 1.13	1 1.25	1 1.38	0.013
11 50	0 10	2 1.51	2 1.76	2 2.02	2 2.27	2 2.52	2 2.77	0.025
11 45	0 15	3 2.31	3 2.69	3 3.07	3 3.45	3 3.83	3 4.21	0.038
11 40	0 20	4 3.17	4 3.68	4 4.19	4 4.70	4 5.20	4 5.70	0.051
11 35	0 25	5 4.12	5 4.75	5 5.39	5 6.02	5 6.61	5 7.27	0.063
11 30	0 30	6 5.16	6 5.92	6 6.68	6 7.44	6 8.19	6 8.94	0.076
11 25	0 35	7 6.32	7 7.21	7 8.09	7 8.97	7 9.85	7 10.72	0.088
11 20	0 40	8 7.62	8 8.63	8 9.64	8 10.64	8 11.64	8 12.64	0.100
11 15	0 45	9 9.08	9 10.22	9 11.34	9 12.47	9 13.59	9 14.71	0.113
11 10	0 50	10 10.72	10 11.98	10 13.23	10 14.48	10 15.72	10 16.95	0.125
11 5	0 55	11 12.56	11 13.94	11 15.31	11 16.68	11 18.04	11 19.39	0.137
11 0	1 0	12 14.61	12 16.11	12 17.60	12 19.09	12 20.57	12 22.04	0.149
10 55	1 5	13 16.91	13 18.53	13 20.14	13 21.74	13 23.34	13 24.92	0.160
10 50	1 10	14 19.47	14 21.20	14 22.92	14 24.64	14 26.35	14 28.06	0.172
10 45	1 15	15 22.30	15 24.15	15 25.99	15 27.82	15 29.64	15 31.46	0.183
10 40	1 20	16 25.43	16 27.39	16 29.34	16 31.29	16 33.22	16 35.15	0.195
10 35	1 25	17 28.88	17 30.95	17 33.02	17 35.07	17 37.11	17 39.15	0.205
10 30	1 30	18 32.67	18 34.85	18 37.02	18 39.18	18 41.33	18 43.47	0.216
10 25	1 35	19 36.82	19 39.10	19 41.38	19 43.64	19 45.90	19 48.14	0.226
10 20	1 40	20 41.34	20 43.73	20 46.11	20 48.47	20 50.83	20 53.17	0.236
10 15	1 45	21 46.26	21 48.75	21 51.23	21 53.69	21 56.15	21 58.59	0.246
10 10	1 50	22 51.59	22 54.18	22 56.76	22 59.32	23 1.87	23 4.41	0.256
10 5	1 55	23 57.36	24 0.05	24 2.71	24 5.37	24 8.01	24 10.64	0.266
10 0	2 0	25 3.59	25 6.36	25 9.12	25 11.87	25 14.61	25 17.33	0.275
9 55	2 5	26 10.29	26 13.15	26 15.99	26 18.83	26 21.64	26 24.45	0.284
9 50	2 10	27 17.48	27 20.42	27 23.35	27 26.26	27 29.17	27 32.05	0.291
9 45	2 15	28 25.17	28 28.20	28 31.21	28 34.20	28 37.18	28 40.14	0.299
9 40	2 20	29 33.39	29 36.50	29 39.58	29 42.65	29 45.70	29 48.74	0.307
9 35	2 25	30 42.17	30 45.34	30 48.49	30 51.63	30 54.76	30 57.86	0.314
9 30	2 30	31 51.49	31 54.72	31 57.94	32 1.15	32 4.35	32 7.52	0.321
9 25	2 35	33 1.41	33 4.71	33 7.99	33 11.26	33 14.51	33 17.74	0.327
9 20	2 40	34 11.91	34 15.27	34 18.61	34 21.93	34 25.24	34 28.52	0.333
9 15	2 45	35 23.03	35 26.44	35 29.83	35 33.20	35 36.56	35 39.90	0.327
9 10	2 50	36 34.77	36 38.23	36 41.66	36 45.08	36 48.48	36 51.86	0.342
9 5	2 55	37 47.15	37 50.65	37 54.12	37 57.58	38 1.02	38 4.44	0.346
9 0	3 0	39 0.18	39 3.71	39 7.22	39 10.72	39 14.19	39 17.64	0.350
8 55	3 5	40 13.88	40 17.44	40 20.98	40 24.50	40 28.00	40 31.48	0.352
8 50	3 10	41 28.25	41 31.83	41 35.39	41 38.94	41 42.46	41 45.96	0.355
8 45	3 15	42 43.31	42 46.91	42 50.49	42 54.05	42 57.58	43 1.10	0.356
8 40	3 20	43 59.07	44 2.67	44 6.26	44 9.83	44 13.37	44 16.89	0.357
8 35	3 25	45 15.53	45 19.14	45 22.73	45 26.30	45 29.84	45 33.36	0.357
8 30	3 30	46 32.71	46 36.31	46 39.90	46 43.46	46 47.00	46 50.51	0.356
8 25	3 35	47 50.60	47 54.19	47 57.76	48 1.31	48 4.83	48 8.33	0.355
8 20	3 40	49 9.22	49 12.79	49 16.34	49 19.87	49 23.37	49 26.84	0.353
8 15	3 45	50 28.55	50 32.10	50 35.62	50 39.12	50 42.95	50 46.04	0.350
8 10	3 50	51 48.62	51 52.13	51 55.61	51 59.07	52 2.51	52 5.93	0.346
8 5	3 55	53 9.40	53 12.86	53 16.30	53 19.73	53 23.13	53 26.50	0.343
8 0	4 0	54 30.92	54 34.33	54 37.71	54 41.08	54 44.42	54 47.74	0.337

III. Tafel. Winkelgrößen auf der Horizontal-Sonnenuhr.

Vormitt.	Nachmitt.	p=54° 5'	p=54° 15'	p=54° 25'	p=54° 35'	p=54° 45'	p=54° 55'	M. D. 1'
St. M.	St. M.	Gr. M.	Gr. M.	Gr. M.	Gr. M.	Gr. M.	Gr. M.	M.
7 55	4 5	55 53.14	55 56.49	55 59.82	56 3.13	56 6.41	56 9.67	0.331
7 50	4 10	57 16.08	57 19.36	57 22.62	57 25.86	57 29.08	57 32.27	0.324
7 45	4 15	58 39.72	58 42.93	58 46.11	58 49.27	58 52.41	58 55.52	0.316
7 40	4 20	60 4.05	60 7.17	60 10.27	60 13.35	60 16.40	60 19.43	0.308
7 35	4 25	61 29.06	61 32.09	61 35.10	61 38.08	61 41.04	61 43.98	0.298
7 30	4 30	62 54.73	62 57.66	63 0.57	63 3.45	63 6.31	63 9.15	0.288
7 25	4 35	64 21.05	64 23.87	64 26.67	64 29.44	64 32.19	64 34.93	0.277
7 20	4 40	65 48.00	65 50.70	65 53.38	65 56.03	65 58.67	66 1.29	0.265
7 15	4 45	67 15.55	67 18.12	67 20.68	67 23.21	67 25.73	67 28.22	0.253
7 10	4 50	68 43.68	68 46.12	68 48.55	68 50.95	68 53.33	68 55.69	0.240
7 5	4 55	70 12.37	70 14.67	70 16.95	70 19.21	70 21.46	70 23.69	0.226
7 0	5 0	71 41.58	71 43.73	71 45.86	71 47.98	71 50.08	71 52.17	0.212
6 55	5 5	73 11.29	73 13.28	73 15.26	73 17.23	73 19.18	73 21.12	0.197
6 50	5 10	74 41.45	74 43.29	74 45.11	74 46.92	74 48.71	74 50.49	0.181
6 45	5 15	76 12.05	76 13.72	76 15.38	76 17.02	76 18.65	76 20.27	0.164
6 40	5 20	77 43.03	77 44.53	77 46.01	77 47.49	77 48.95	77 50.41	0.148
6 35	5 25	79 14.36	79 15.68	79 16.99	79 18.30	79 19.59	79 20.87	0.131
6 30	5 30	80 46.02	80 47.15	80 48.28	80 49.41	80 50.53	80 51.63	0.113
6 25	5 35	82 17.92	82 18.88	82 19.83	82 20.77	82 21.71	82 22.63	0.094
6 20	5 40	83 50.06	83 50.83	83 51.59	83 52.35	83 53.11	83 53.85	0.076
6 15	5 45	85 22.39	85 22.97	85 23.54	85 24.11	85 24.68	85 25.24	0.057
6 10	5 50	86 54.85	86 55.23	86 55.62	86 56.00	86 56.38	86 56.75	0.038
6 5	5 55	88 27.40	88 27.59	88 27.78	88 27.98	88 28.17	88 28.36	0.020
6 0	6 0	90 0.00	90 0.00	90 0.00	90 0.00	90 0.00	90 0.00	0.000
5 55	6 5	91 32.60	91 32.41	91 32.22	91 32.02	91 31.83	91 31.64	0.020
5 50	6 10	93 5.15	93 4.77	93 4.38	93 4.00	93 3.62	93 3.25	0.038
5 45	6 15	94 37.61	94 37.03	94 36.46	94 35.89	94 35.32	94 34.76	0.057
5 40	6 20	96 9.94	96 9.17	96 8.41	96 7.65	96 6.89	96 6.15	0.076
5 35	6 25	97 42.08	97 41.12	97 40.17	97 39.23	97 38.29	97 37.37	0.094
5 30	6 30	99 13.98	99 12.85	99 11.72	99 10.59	99 9.47	99 8.37	0.113
5 25	6 35	100 45.64	100 44.32	100 43.01	100 41.70	100 40.41	100 39.13	0.131
5 20	6 40	102 16.97	102 15.47	102 13.99	102 12.51	102 11.05	102 9.59	0.148
5 15	6 45	103 47.95	103 46.28	103 44.62	103 42.98	103 41.35	103 39.73	0.164
5 10	6 50	105 18.55	105 16.71	105 14.89	105 13.08	105 11.29	105 9.51	0.181
5 5	6 55	106 48.71	106 46.72	106 44.74	106 42.77	106 40.82	106 38.88	0.197
5 0	7 0	108 18.42	108 16.27	108 14.14	108 12.02	108 9.92	108 7.83	0.212
4 55	7 5	109 47.63	109 45.33	109 43.05	109 40.79	109 38.54	109 36.31	0.226
4 50	7 10	111 16.32	111 13.88	111 11.45	111 9.05	111 6.67	111 4.31	0.240
4 45	7 15	112 44.45	112 41.88	112 39.32	112 36.79	112 34.27	112 31.78	0.253
4 40	7 20	114 12.00	114 9.30	114 6.62	114 3.97	114 1.33	113 58.71	0.265
4 35	7 25	115 38.95	115 36.13	115 33.33	115 30.56	115 27.81	115 25.07	0.277
4 30	7 30	117 5.27	117 2.34	116 59.43	116 56.55	116 53.69	116 50.85	0.288
4 25	7 35	118 30.94	118 27.91	118 24.90	118 21.92	118 18.96	118 16.02	0.298
4 20	7 40	119 55.95	119 52.83	119 49.73	119 46.65	119 43.60	119 40.57	0.308
4 15	7 45	121 20.28	121 17.07	121 13.89	121 10.73	121 7.59	121 4.48	0.316
4 10	7 50	122 43.92	122 40.64	122 37.38	122 34.14	122 30.92	122 27.73	0.324
4 5	7 55	124 6.86	124 3.51	124 0.18	123 56.87	123 53.59	123 50.33	0.331
4 0	8 0	125 29.08	125 25.67	125 22.28	125 18.92	125 15.58	125 12.26	0.337

IV. Tafel. Zeitgleichung für 1860, auch für 1864, 68, 72, 76, 80, 84, 88, 92, 96.

Die Räderuhr soll bei + um die angegebenen Minuten und Secunden vor, bei — nach der Sonnenuhr gehen.

Tag	Januar	Februar	März	April	Mai	Juni	Juli	August	September	October	November	December	Tag
	M. S.	M. S.	M. S.	M. S.	M. S.	M. S.	M. S.	M. S.	M. S.	M. S.	M. S.	M. S.	
1	+ 3.36	+ 13.49	+ 12.30	+ 3.50	— 3.05	— 2.27	+ 3.33	+ 6.01	— 0.15	— 10.27	— 16.18	— 10.37	1
2	4.04	13.57	12.18	3.32	3.12	2.18	3.44	5.57	0.34	10.46	16.18	10.13	2
3	4.32	14.04	12.05	3.14	3.19	2.08	3.55	5.52	0.53	11.04	16.18	9.50	3
4	5.00	14.10	11.51	2.56	3.25	1.58	4.06	5.47	1.13	11.23	16.17	9.25	4
5	5.27	14.15	11.37	2.39	3.30	1.48	4.16	5.41	1.33	11.40	16.15	9.00	5
6	5.54	14.20	11.23	2.21	3.35	1.37	4.26	5.35	1.53	11.58	16.13	8.35	6
7	6.20	14.24	11.08	2.04	3.40	1.26	4.36	5.28	2.13	12.15	16.09	8.09	7
8	6.46	14.27	10.53	1.47	3.43	1.15	4.45	5.20	2.33	12.32	16.05	7.42	8
9	7.11	14.29	10.38	1.30	3.47	1.03	4.54	5.12	2.54	12.48	15.59	7.15	9
10	7.36	14.30	10.22	1.13	3.49	0.52	5.03	5.03	3.15	13.03	15.53	6.47	10
11	8.00	14.31	10.06	0.57	3.51	0.40	5.11	4.54	3.35	13.19	15.46	6.20	11
12	8.24	14.31	9.50	0.41	3.53	0.27	5.19	4.44	3.56	13.33	15.38	5.51	12
13	8.47	14.30	9.33	0.25	3.54	0.15	5.26	4.34	4.17	13.47	15.30	5.23	13
14	9.09	14.28	9.16	+ 0.10	3.54	— 0.02	5.33	4.23	4.38	14.01	15.20	4.54	14
15	9.31	14.26	8.58	— 0.05	3.54	+ 0.10	5.39	4.11	4.59	14.14	15.10	4.25	15
16	9.52	14.22	8.41	0.19	3.53	0.23	5.45	3.59	5.20	14.27	14.59	3.55	16
17	10.13	14.19	8.24	0.33	3.51	0.36	5.50	3.47	5.41	14.39	14.47	3.26	17
18	10.33	14.14	8.06	0.47	3.49	0.49	5.55	3.34	6.02	14.50	14.34	2.56	18
19	10.52	14.09	7.48	1.00	3.47	1.02	5.59	3.20	6.23	15.01	14.20	2.26	19
20	11.10	14.03	7.30	1.13	3.43	1.15	6.03	3.06	6.44	15.11	14.05	1.56	20
21	11.28	13.56	7.12	1.26	3.40	1.28	6.06	2.52	7.05	15.20	13.50	1.26	21
22	11.45	13.49	6.54	1.38	3.35	1.41	6.09	2.37	7.26	15.29	13.34	0.56	22
23	12.01	13.41	6.36	1.49	3.31	1.54	6.11	2.22	7.47	15.37	13.17	— 0.26	23
24	12.16	13.33	6.17	2.01	3.25	2.07	6.12	2.06	8.08	15.44	13.00	+ 0.04	24
25	12.30	13.24	5.59	2.11	3.20	2.20	6.13	1.50	8.28	15.51	12.41	0.33	25
26	12.44	13.14	5.40	2.21	3.13	2.33	6.13	1.33	8.48	15.57	12.22	1.03	26
27	12.57	13.04	5.22	2.31	3.07	2.45	6.13	1.16	9.09	16.03	12.03	1.33	27
28	13.09	12.53	5.04	2.40	3.00	2.57	6.12	0.58	9.29	16.07	11.42	2.02	28
29	13.20	+ 12.42	4.45	2.49	2.52	3.09	6.10	0.41	9.48	16.11	11.21	2.31	29
30	13.31		4.27	— 2.57	2.44	+ 3.21	6.08	0.22	— 10.08	16.14	— 10.59	3.00	30
31	+ 13.40		+ 4.08		+ 2.36		+ 6.05	+ 0.04		— 16.16		+ 3.29	31

IV. Tafel. Zeitgleichung für 1861, auch für 1865, 69, 73, 77, 81, 85, 89, 93, 97.

Die Räderuhr soll bei + um die angegebenen Minuten und Secunden vor, bei — nach der Sonnenuhr gehen.

Tag	Januar	Februar	März	April	Mai	Juni	Juli	August	September	October	November	December	Tag
	M. S.	M. S.	M. S.	M. S.	M. S.	M. S.	M. S.	M. S.	M. S.	M. S.	M. S.	M. S.	
1	+ 3.57	+ 13.55	+ 12.33	+ 3.54	— 3.04	— 2.30	+ 3.29	+ 6.01	— 0.11	— 10.23	— 16.17	— 10.42	1
2	4.26	14.02	12.20	3.36	3.11	2.21	3.40	5.57	0.30	10.42	16.18	10.19	2
3	4.53	14.09	12.08	3.18	3.18	2.11	3.51	5.53	0.49	11.00	16.18	9.55	3
4	5.21	14.14	11.54	3.00	3.24	2.01	4.02	5.48	1.08	11.18	16.17	9.30	4
5	5.48	14.19	11.41	2.43	3.29	1.51	4.13	5.42	1.28	11.36	16.15	9.05	5
6	6.14	14.23	11.27	2.25	3.34	1.40	4.23	5.36	1.48	11.53	16.13	8.40	6
7	6.40	14.26	11.12	2.08	3.39	1.29	4.33	5.29	2.08	12.11	16.09	8.14	7
8	7.06	14.29	10.57	1.51	3.43	1.18	4.43	5.22	2.28	12.27	16.05	7.48	8
9	7.31	14.31	10.42	1.34	3.46	1.06	4.52	5.14	2.49	12.43	16.00	7.21	9
10	7.55	14.31	10.26	1.18	3.49	0.54	5.01	5.05	3.09	12.59	15.54	6.53	10
11	8.19	14.32	10.10	1.02	3.51	0.42	5.09	4.56	3.30	13.14	15.48	6.26	11
12	8.43	14.31	9.54	0.46	3.52	0.30	5.17	4.46	3.51	13.29	15.40	5.58	12
13	9.05	14.30	9.38	0.30	3.53	0.18	5.24	4.36	4.12	13.44	15.32	5.29	13
14	9.27	14.27	9.21	+ 0.15	3.53	— 0.05	5.31	4.25	4.33	13.58	15.22	5.01	14
15	9.49	14.24	9.04	— 0.00	3.53	+ 0.07	5.38	4.14	4.54	14.11	15.12	4.32	15
16	10.09	14.21	8.47	0.15	3.52	0.20	5.43	4.02	5.15	14.24	15.01	4.03	16
17	10.29	14.16	8.29	0.29	3.51	0.33	5.49	3.50	5.36	14.36	14.50	3.33	17
18	10.48	14.11	8.11	0.43	3.49	0.46	5.54	3.37	5.58	14.47	14.37	3.04	18
19	11.07	14.05	7.54	0.57	3.47	0.59	5.58	3.23	6.19	14.58	14.24	2.34	19
20	11.25	13.59	7.36	1.10	3.44	1.12	6.01	3.09	6.40	15.09	14.10	2.04	20
21	11.42	13.52	7.17	1.23	3.41	1.25	6.05	2.55	7.01	15.18	13.55	1.34	21
22	11.58	13.44	6.59	1.35	3.37	1.37	6.07	2.40	7.22	15.28	13.39	1.04	22
23	12.13	13.36	6.41	1.47	3.32	1.50	6.09	2.24	7.43	15.36	13.22	0.34	23
24	12.28	13.26	6.22	1.58	3.27	2.03	6.11	2.09	8.04	15.44	13.05	— 0.04	24
25	12.41	13.17	6.04	2.09	3.22	2.16	6.11	1.52	8.24	15.50	12.47	+ 0.26	25
26	12.54	13.07	5.45	2.19	3.16	2.28	6.12	1.36	8.44	15.57	12.28	0.55	26
27	13.06	12.56	5.26	2.29	3.09	2.41	6.11	1.19	9.05	16.02	12.08	1.25	27
28	13.18	+ 12.44	5.08	2.39	3.02	2.53	6.10	1.01	9.25	16.07	11.47	1.55	28
29	13.28		4.49	2.48	2.55	3.05	6.09	0.44	9.44	16.11	11.26	2.24	29
30	13.38		4.31	— 2.56	2.47	+ 3.17	6.07	0.26	— 10.04	16.14	— 11.04	2.53	30
31	+ 13.47		+ 4.12		— 2.39		+ 6.04	+ 0.07		— 16.16		+ 3.22	31

IV. Tafel. Zeitgleichung für 1862, auch für 1866, 70, 74, 78, 82, 86, 90, 94, 98.

Die Räderuhr soll bei + um die angegebenen Minuten und Secunden v o r, bei — n a c h der Sonnenuhr gehen.

Tag	Januar	Februar	März	April	Mai	Juni	Juli	August	September	October	November	December	Tag
	M. S.	M. S.	M. S.	M. S.	M. S.	M. S.	M. S.	M. S.	M. S.	M. S.	M. S.	M. S.	
1	+ 3.51	+ 13.53	+ 12.35	+ 3.59	— 3.01	— 2.31	+ 3.28	+ 6.04	— 0.05	— 10.16	— 16.16	— 10.46	1
2	4.19	14.01	12.23	3.41	3.09	2.22	3.39	6.00	0.24	10.35	16.17	10.23	2
3	4.47	14.07	12.11	3.23	3.15	2.12	3.51	5.56	0.43	10.54	16.17	10.00	3
4	5.15	14.13	11.58	3.05	3.22	2.02	4.02	5.51	1.02	11.12	16.16	9.36	4
5	5.42	14.18	11.44	2.47	3.27	1.52	4.12	5.45	1.22	11.30	16.15	9.11	5
6	6.08	14.22	11.30	2.30	3.32	1.41	4.23	5.39	1.42	11.48	16.13	8.46	6
7	6.34	14.26	11.16	2.12	3.37	1.31	4.32	5.32	2.02	12.5	16.10	8.20	7
8	7.00	14.28	11.01	1.55	3.41	1.19	4.42	5.25	2.22	12.22	16.06	7.54	8
9	7.25	14.30	10.46	1.38	3.45	1.08	4.51	5.17	2.43	12.39	16.01	7.28	9
10	7.50	14.31	10.30	1.22	3.47	0.56	5.00	5.08	3.04	12.55	15.56	7.00	10
11	8.14	14.31	10.14	1.05	3.50	0.45	5.08	4.59	3.24	13.10	15.49	6.33	11
12	8.37	14.31	9.58	0.49	3.52	0.33	5.16	4.50	3.45	13.25	15.42	6.05	12
13	9.00	14.29	9.41	0.33	3.53	0.20	5.23	4.39	4.06	13.40	15.34	5.37	13
14	9.22	14.27	9.24	0.18	3.53	— 0.08	5.30	4.29	4.27	13.54	15.25	5.08	14
15	9.43	14.24	9.07	+ 0.03	3.53	+ 0.05	5.37	4.17	4.48	14.07	15.15	4.39	15
16	10.04	14.21	8.50	— 0.12	3.53	0.17	5.43	4.05	5.10	14.20	15.04	4.10	16
17	10.24	14.16	8.32	0.27	3.52	0.30	5.48	3.53	5.31	14.32	14.52	3.40	17
18	10.43	14.11	8.15	0.41	3.50	0.43	5.53	3.40	5.52	14.44	14.40	3.11	18
19	11.02	14.06	7.57	0.54	3.48	0.56	5.57	3.27	6.13	14.55	14.26	2.41	19
20	11.19	13.59	7.39	1.08	3.45	1.09	6.01	3.13	6.34	15.05	14.12	2.11	20
21	11.36	13.52	7.21	1.20	3.42	1.22	6.05	2.59	6.55	15.15	13.57	1.41	21
22	11.53	13.45	7.02	1.33	3.38	1.35	6.08	2.44	7.16	15.24	13.42	1.11	22
23	12.08	13.37	6.44	1.45	3.33	1.48	6.10	2.29	7.36	15.33	13.25	0.41	23
24	12.23	13.28	6.26	1.56	3.28	2.01	6.12	2.14	7.57	15.40	13.08	— 0.11	24
25	12.37	13.18	6.07	2.07	3.23	2.14	6.13	1.58	8.18	15.47	12.50	+ 0.19	25
26	12.50	13.08	5.49	2.17	3.17	2.27	6.13	1.41	8.38	15.54	12.31	0.49	26
27	13.03	12.58	5.30	2.27	3.10	2.39	6.13	1.25	8.58	15.59	12.11	1.19	27
28	13.15	+ 12.47	5.12	2.36	3.03	2.52	6.13	1.08	9.18	16.04	11.51	1.48	28
29	13.25		4.53	2.45	2.56	3.04	6.11	0.50	9.38	16.08	11.30	2.18	29
30	13.35		4.35	— 2.54	2.48	+ 3.16	6.09	0.32	— 9.57	16.11	— 11.08	2.47	30
31	+ 13.45		+ 4.17		— 2.39		+ 6.07	+ 0.14		— 16.14		+ 3.16	31

IV. Tafel. Zeitgleichung für 1863, auch für 1867, 71, 75, 79, 83, 87, 91, 95, 99.

Die Räderuhr soll bei + um die angegebenen Minuten und Secunden vor, bei — nach der Sonnenuhr gehen.

Tag	Januar	Februar	März	April	Mai	Juni	Juli	August	September	October	November	December	Tag
	M. S.	M. S.	M. S.	M. S.	M. S.	M. S.	M. S.	M. S.	M. S.	M. S.	M. S.	M. S.	
1	+ 3.44	+ 13.51	+ 12.38	+ 4.03	— 3.00	— 2.33	+ 3.25	+ 6.04	— 0.01	— 10.13	— 16.17	— 10.53	1
2	4.12	13.58	12.26	3.45	3.07	2.24	3.36	6.00	0.20	10.32	16.18	10.30	2
3	4.40	14.05	12.13	3.26	3.14	2.15	3.47	5.56	0.39	10.51	16.18	10.07	3
4	5.08	14.11	12.00	3.08	3.21	2.05	3.58	5.51	0.59	11.10	16.18	9.43	4
5	5.35	14.16	11.47	2.51	3.27	1.55	4.09	5.46	1.18	11.28	16.17	9.18	5
6	6.01	14.20	11.33	2.33	3.32	1.45	4.19	5.40	1.38	11.45	16.15	8.53	6
7	6.27	14.24	11.18	2.16	3.37	1.34	4.29	5.33	1.58	12.03	16.12	8.27	7
8	6.53	14.27	11.03	1.58	3.41	1.23	4.39	5.26	2.18	12.19	16.08	8.01	8
9	7.18	14.28	10.48	1.41	3.45	1.12	4.48	5.18	2.39	12.36	16.03	7.34	9
10	7.43	14.30	10.33	1.25	3.48	1.00	4.57	5.10	2.59	12.52	15.58	7.07	10
11	8.07	14.30	10.17	1.08	3.50	0.48	5.05	5.01	3.20	13.07	15.51	6.39	11
12	8.30	14.30	10.01	0.52	3.52	0.36	5.14	4.52	3.41	13.22	15.44	6.11	12
13	8.53	14.29	9.44	0.36	3.53	0.23	5.21	4.42	4.02	13.37	15.36	5.43	13
14	9.15	14.27	9.28	0.21	3.54	— 0.11	5.28	4.31	4.23	13.51	15.27	5.14	14
15	9.37	14.24	9.11	+ 0.06	3.54	+ 0.02	5.35	4.20	4.44	14.04	15.17	4.45	15
16	9.58	14.21	8.53	— 0.09	3.53	0.15	5.41	4.08	5.05	14.17	15.06	4.16	16
17	10.18	14.17	8.36	0.23	3.52	0.27	5.47	3.56	5.26	14.30	14.55	3.47	17
18	10.38	14.12	8.19	0.37	3.50	0.40	5.52	3.44	5.47	14.41	14.43	3.17	18
19	10.57	14.07	8.01	0.51	3.48	0.54	5.57	3.31	6.08	14.53	14.30	2.48	19
20	11.15	14.01	7.43	1.04	3.45	1.07	6.01	3.17	6.29	15.03	14.16	2.18	20
21	11.32	13.54	7.25	1.17	3.42	1.20	6.04	3.03	6.50	15.13	14.01	1.48	21
22	11.49	13.47	7.07	1.29	3.38	1.33	6.07	2.48	7.11	15.22	13.46	1.18	22
23	12.05	13.39	6.49	1.41	3.34	1.46	6.10	2.33	7.32	15.31	13.30	0.48	23
24	12.20	13.30	6.30	1.53	3.29	1.59	6.12	2.17	7.53	15.39	13.13	— 0.18	24
25	12.34	13.21	6.12	2.04	3.24	2.11	6.13	2.01	8.13	15.46	12.55	+ 0.12	25
26	12.48	13.11	5.53	2.14	3.18	2.24	6.13	1.45	8.34	15.53	12.36	0.42	26
27	13.00	13.00	5.35	2.24	3.11	2.36	6.13	1.28	8.54	15.59	12.17	1.11	27
28	13.12	+ 12.49	5.16	2.34	3.05	2.49	6.13	1.11	9.14	16.04	11.57	1.41	28
29	13.23		4.58	2.43	2.57	3.01	6.11	0.53	9.34	16.08	11.36	2.10	29
30	13.33		4.40	— 2.52	2.50	+ 3.13	6.09	0.36	— 9.54	16.12	— 11.15	2.39	30
31	+ 13.42		+ 4.21		— 2.42		+ 6.07	+ 0.17		— 16.15		+ 3.08	31

V. Tafel. Declination der Sonne.

Tag	Jahr	St.	Januar	D. 1 St.	Februar	D. 1 St.	März	D. 1 St.	April	D. 1 St.	Mai	D. 1 St.	Juni	D. 1 St.
1	1852	24.00	— 23°.03'.28"	12.4"	— 17°.14'.56"	42.7"	— 7°.47'.07"	57.0"	+ 4°.19'.48"	57.9"	+ 14°.54'.26"	45.4"	+ 21°.59'.02"	20.5"
2	1853	18.19	22. 58. 30	13.5	16. 57. 51	43.4	7. 24. 20	57.2	4. 42. 57	57.6	15. 12. 35	44.8	22. 07. 14	19.5
3	1854	12.37	22. 53. 05	14.7	16. 40. 29	44.1	7. 01. 27	57.5	5. 06. 00	57.4	15. 30. 30	44.1	22. 15. 02	18.6
4	1855	6.56	22. 47. 13	15.9	16. 22. 50	44.9	6. 38. 28	57.7	5. 28. 57	57.2	15. 48. 09	43.5	22. 22. 28	17.6
5	1856	24.74	22. 40. 53	16.9	16. 04. 53	45.5	6. 15. 23	57.9	5. 51. 49	56.9	16. 05. 33	42.8	22. 29. 30	16.6
6	1857	18.93	22. 34. 07	18.1	15. 46. 40	46.2	5. 52. 13	58.1	6. 14. 35	56.6	16. 22. 40	42.1	22. 36. 08	15.6
7	1858	13.12	22. 26. 53	19.1	15. 28. 11	46.9	5. 28. 59	58.3	6. 37. 14	56.4	16. 39. 31	41.5	22. 42. 23	14.6
8	1859	7.30	22. 19. 14	20.3	15. 09. 26	47.5	5. 05. 40	58.5	6. 59. 47	56.0	16. 56. 06	40.8	22. 48. 13	13.6
9	1860	25.49	22. 11. 08	21.4	14. 50. 25	48.1	4. 42. 17	58.6	7. 22. 12	55.8	17. 12. 24	40.0	22. 53. 40	12.6
10	1861	19.67	22. 02. 35	22.4	14. 31. 10	48.8	4. 18. 51	58.8	7. 44. 30	55.5	17. 28. 25	39.3	22. 58. 43	11.6
11	1862	13.86	21. 53. 38	23.5	14. 11. 40	49.3	3. 55. 21	58.8	8. 06. 41	55.1	17. 44. 08	38.6	23. 03. 22	10.6
12	1863	8.05	21. 44. 14	24.5	13. 51. 56	49.9	3. 31. 49	59.0	8. 28. 43	54.8	17. 59. 34	37.8	23. 07. 36	9.6
13	1864	26.23	21. 34. 25	25.6	13. 31. 58	50.5	3. 08. 13	59.0	8. 50. 37	54.4	18. 14. 42	37.0	23. 11. 27	8.5
14	1865	20.42	21. 24. 11	26.6	13. 11. 47	51.0	2. 44. 36	59.1	9. 12. 22	54.0	18. 29. 31	36.3	23. 14. 52	7.5
15	1866	14.61	21. 13. 33	27.6	12. 51. 23	51.5	2. 20. 57	59.2	9. 33. 59	53.6	18. 44. 02	35.5	23. 17. 53	6.5
16	1867	8.79	21. 02. 30	28.6	12. 30. 47	52.0	1. 57. 16	59.3	9. 55. 26	53.2	18. 58. 14	34.7	23. 20. 30	5.5
17	1868	26.98	20. 51. 03	29.6	12. 09. 58	52.5	1. 33. 34	59.3	10. 16. 43	52.8	19. 12. 07	33.9	23. 22. 42	4.5
18	1869	21.16	20. 39. 12	30.6	11. 48. 58	53.0	1. 09. 52	59.3	10. 37. 50	52.3	19. 25. 41	33.0	23. 24. 29	3.4
19	1870	15.35	20. 26. 57	31.5	11. 27. 46	53.4	0. 46. 09	59.3	10. 58. 46	51.9	19. 38. 54	32.3	23. 25. 51	2.4
20	1871	9.54	20. 14. 20	32.5	11. 06. 24	53.9	— 0. 22. 26	59.3	11. 19. 32	51.5	19. 51. 48	31.5	23. 26. 49	1.3
21	1872	27.72	20. 01. 19	33.5	10. 44. 51	54.3	+ 0. 01. 17	59.3	11. 40. 07	51.0	20. 04. 22	30.5	23. 27. 21	0.3
22	1873	21.91	19. 47. 56	34.4	10. 23. 09	54.7	0. 24. 59	59.2	12. 00. 30	50.5	20. 16. 35	29.7	23. 27. 29	0.7
23	1874	16.09	19. 34. 11	35.3	10. 01. 16	55.0	0. 48. 39	59.1	12. 20. 42	50.0	20. 28. 27	28.8	23. 27. 12	1.8
24	1875	10.28	19. 20. 04	36.2	9. 39. 15	55.4	1. 12. 18	59.0	12. 40. 41	49.5	20. 39. 58	27.9	23. 26. 30	2.8
25	1876	28.47	19. 05. 36	37.0	9. 17. 05	55.8	1. 35. 55	59.0	13. 00. 28	48.9	20. 51. 08	27.0	23. 25. 24	3.8
26	1877	22.65	18. 50. 48	37.9	8. 54. 47	56.1	1. 59. 30	58.8	13. 20. 01	48.4	21. 01. 57	26.1	23. 23. 52	4.8
27	1878	16.84	18. 35. 38	38.8	8. 32. 21	56.4	2. 23. 02	58.7	13. 39. 22	47.8	21. 12. 23	25.2	23. 21. 56	5.8
28	1879	11.02	18. 20. 08	39.5	8. 09. 48	56.7	2. 46. 31	58.5	13. 58. 29	47.2	21. 22. 28	24.3	23. 19. 36	6.9
29	1880	29.21	18. 04. 19	40.4	7. 47. 07	57.0	3. 09. 56	58.4	14. 17. 22	46.6	21. 32. 10	23.3	23. 16. 50	7.9
30	1881	23.40	17. 48. 10	41.2			3. 33. 18	58.2	14. 36. 01	46.0	21. 41. 30	22.4	23. 13. 41	8.9
31	1882	17.58	17. 31. 42	41.9			3. 56. 35	58.0			21. 50. 27	21.5		
	1883	11.77												

V. Tafel. Declination der Sonne.

Tag	Jahr	St.	Juli	D. 1 St.	August	D. 1 St.	September	D. 1 St.	October	D. 1 St.	November	D. 1 St.	December	D. 1 St.
1	1852	24.00	+ 23°.10′.07″	10.0″	+ 18°.11′.31″	37.7″	+ 8°.30′.40″	54.5″	— 2°.57′.46″	58.3″	— 14°.16′.00″	48.2″	— 21°.44′.23″	23.4″
2	1853	18.19	23. 06. 08	11.0	17. 56. 27	38.4	8. 08. 53	54.8	3. 21. 05	58.2	14. 35. 16	47.6	21. 53. 44	22.3
3	1854	12.37	23. 01. 45	11.9	17. 41. 05	39.1	7. 46. 59	55.1	3. 44. 22	58.1	14. 54. 18	47.0	22. 02. 39	21.3
4	1855	6.56	22. 56. 59	13.0	17. 25. 26	39.8	7. 24. 57	55.4	4. 07. 36	58.0	15. 13. 05	46.3	22. 11. 09	20.2
5	1856	24.74	22. 51. 48	14.0	17. 09. 30	40.5	7. 02. 48	55.7	4. 30. 48	57.8	15. 31. 37	45.7	22. 19. 14	19.1
6	1857	18.93	22. 46. 13	14.9	16. 53. 17	41.2	6. 40. 32	56.0	4. 53. 56	57.7	15. 49. 54	45.1	22. 26. 52	18.0
7	1858	13.12	22. 40. 15	15.9	16. 36. 48	41.9	6. 18. 09	56.2	5. 17. 01	57.6	16. 07. 56	44.4	22. 34. 04	16.9
8	1859	7.30	22. 33. 53	16.9	16. 20. 02	42.5	5. 55. 40	56.5	5. 40. 03	57.3	16. 25. 41	43.7	22. 40. 50	15.8
9	1860	25.49	22. 27. 08	17.9	16. 03. 01	43.2	5. 33. 04	56.7	6. 02. 59	57.2	16. 43. 10	43.0	22. 47. 09	14.7
10	1861	19.67	22. 19. 59	18.8	15. 45. 44	43.8	5. 10. 23	56.9	6. 25. 51	57.0	17. 00. 22	42.3	22. 53. 01	13.6
11	1862	13.86	22. 12. 28	19.8	15. 28. 12	44.5	4. 47. 37	57.2	6. 48. 39	56.7	17. 17. 16	41.5	22. 58. 27	12.4
12	1863	8.05	22. 04. 33	20.7	15. 10. 25	45.1	4. 24. 45	57.3	7. 11. 20	56.5	17. 33. 53	40.8	23. 03. 24	11.3
13	1864	26.23	21. 56. 16	21.7	14. 52. 23	45.7	4. 01. 49	57.5	7. 33. 56	56.3	17. 50. 11	40.0	23. 07. 55	10.1
14	1865	20.42	21. 47. 36	22.6	14. 34. 07	46.3	3. 38. 48	57.7	7. 56. 26	56.0	18. 06. 11	39.2	23. 11. 57	9.0
15	1866	14.61	21. 38. 33	23.5	14. 15. 37	46.8	3. 15. 44	57.8	8. 18. 49	55.7	18. 21. 52	38.4	23. 15. 32	7.8
16	1867	8.79	21. 29. 09	24.5	13. 56. 53	47.4	2. 52. 36	58.0	8. 41. 05	55.4	18. 37. 13	37.6	23. 18. 39	6.6
17	1868	26.98	21. 19. 22	25.3	13. 37. 56	48.0	2. 29. 24	58.1	9. 03. 14	55.0	18. 52. 15	36.7	23. 21. 18	5.5
18	1869	21.16	21. 09. 14	26.3	13. 18. 45	48.4	2. 06. 10	58.2	9. 25. 15	54.7	19. 06. 56	35.8	23. 23. 29	4.3
19	1870	15.35	20. 58. 44	27.1	12. 59. 23	49.0	1. 42. 53	58.3	9. 47. 07	54.3	19. 21. 16	35.0	23. 25. 12	3.1
20	1871	9.54	20. 47. 53	28.0	12. 39. 47	49.5	1. 19. 33	58.4	10. 08. 51	54.0	19. 35. 16	34.1	23. 26. 27	1.9
21	1872	27.72	20. 36. 41	28.9	12. 20. 00	50.0	0. 56. 12	58.4	10. 30. 26	53.6	19. 48. 54	33.2	23. 27. 13	0.8
22	1873	21.91	20. 25. 08	29.8	12. 00. 01	50.4	0. 32. 50	58.5	10. 51. 52	53.1	20. 02. 10	32.3	23. 27. 31	0.5
23	1874	16.09	20. 13. 14	30.6	11. 39. 51	50.9	+ 0. 09. 26	58.5	11. 13. 07	52.8	20. 15. 05	31.3	23. 27. 20	1.6
24	1875	10.28	20. 01. 00	31.4	11. 19. 29	51.3	— 0. 13. 59	58.5	11. 34. 13	52.3	20. 27. 36	30.4	23. 26. 41	2.8
25	1876	28.47	19. 48. 26	32.2	10. 58. 57	51.8	0. 37. 24	58.5	11. 55. 07	51.8	20. 39. 45	29.4	23. 25. 34	4.0
26	1877	22.65	19. 35. 33	33.0	10. 38. 15	52.2	1. 00. 49	58.5	12. 15. 51	51.3	20. 51. 31	28.4	23. 23. 59	5.1
27	1878	16.84	19. 22. 20	33.9	10. 17. 22	52.6	1. 24. 14	58.5	12. 36. 23	50.9	21. 02. 54	27.4	23. 21. 56	6.3
28	1879	11.02	19. 08. 47	34.6	9. 56. 20	53.0	1. 47. 39	58.5	12. 56. 44	50.3	21. 13. 52	26.5	23. 19. 24	7.5
29	1880	29.21	18. 54. 56	35.4	9. 35. 08	53.3	2. 11. 02	58.5	13. 16. 52	49.8	21. 24. 27	25.4	23. 16. 24	8.6
30	1881	23.40	18. 40. 46	36.2	9. 13. 48	53.8	2. 34. 25	58.4	13. 36. 48	49.3	21. 34. 37	24.4	23. 12. 57	9.8
31	1882	17.58	18. 26. 18	37.0	8. 52. 18	54.1			13. 56. 31	48.7			23. 09. 01	11.0
	1883	11.77											23. 04. 38	12.1

VI. Tafel. Mittlere Refraction.

Scheinbare Höhe	Refraction		Scheinbare Höhe	Refraction		Scheinbare Höhe	Refraction		Scheinbare Höhe	Refraction		Scheinbare Höhe	Refraction	
0° 0′	34′ 54.1″	124.9″	7° 0′	7′ 19.7″	9.2″	14° 0′	3′ 47.4″	5.3″	28° 0′	1′ 48.2″	1.5″	42°	64.0″	2.2″
10	32 49.2	116.9	10	7 10.5	8.8	20	3 42.1	5.1	20	1 46.7	1.4	43	61.8	2.1
20	30 52.3	108.8	20	7 1.7	8.4	40	3 37.0	4.9	40	1 45.3	1.5	44	59.7	2.0
30	29 3.5	100.8	30	6 53.3	8.2	15 0	3 32.1	4.7	29 0	1 43.8	1.4	45	57.7	2.0
40	27 22.7	92.9	40	6 45.1	7.9	20	3 27.4	4.5	20	1 42.4	1.4	46	55.7	1.9
50	25 49.8	85.2	50	6 37.2	7.6	40	3 22.9	4.3	40	1 41.0	1.3	47	53.8	1.9
1 0	24 24.6	77.9	8 0	6 29.6	7.3	16 0	3 18.6	4.1	30 0	1 39.7	1.3	48	51.9	1.7
10	23 6.7	71.1	10	6 22.3	7.1	20	3 14.5	4.0	20	1 38.4	1.3	49	50.2	1.8
20	21 55.6	64.7	20	6 15.2	6.8	40	3 10.5	3.9	40	1 37.1	1.3	50	48.4	1.7
30	20 50.9	59.0	30	6 8.4	6.6	17 0	3 6.6	3.7	31 0	1 35.8	1.3	51	46.7	1.6
40	19 51.9	53.9	40	6 1.8	6.4	20	3 2.9	3.6	20	1 34.5	1.2	52	45.1	1 6
50	18 58.0	49.4	50	5 55.4	6.1	40	2 59.3	3.5	40	1 33.3	1.2	53	43.5	1.6
2 0	18 8.6	45.6	9 0	5 49.3	6.0	18 0	2 55.8	3.3	32 0	1 32.1	1.2	54	41.9	1.5
10	17 23.0	42.3	10	5 43.3	5.7	20	2 52.5	3.2	20	1 30.9	1.1	55	40.4	1.5
20	16 40.7	39.8	20	5 37.6	5.6	40	2 49.3	3.2	40	1 29.8	1.1	56	38.9	1.4
30	16 0.9	37.5	30	5 32.0	5.5	19 0	2 46.1	3.0	33 0	1 28.7	1.1	57	37.5	1.4
40	15 23.4	35.6	40	5 26.5	5.2	20	2 43.1	2.9	20	1 27.6	1.1	58	36.1	1.4
50	14 47.8	33.2	50	5 21.3	5.1	40	2 40.2	2.9	40	1 26.5	1.1	59	34.7	1.4
3 0	14 14.6	30.9	10 0	5 16.2	5.0	20 0	2 37.3	2.8	34 0	1 25.4	1.1	60	33.3	1.3
10	13 43.7	28.7	10	5 11.2	4.8	20	2 34.5	2.6	20	1 24.3	1.0	61	32.0	1.3
20	13 15.0	26.7	20	5 6.4	4.7	40	2 31.9	2.6	40	1 23.3	1.0	62	30.7	1.3
30	12 48.3	24.6	30	5 1 7	4.5	21 0	2 29.3	2.5	35 0	1 22.3	1.0	63	29.4	1.2
40	12 23.7	23.0	40	4 57.2	4.4	20	2 26.8	2.5	20	1 21.3	1.0	64	28.2	1.3
50	12 0.7	21.8	50	4 52.8	4.3	40	2 24.3	2.4	40	1 20.3	1.0	65	26.9	1.2
4 0	11 38.9	20.6	11 0	4 48.5	4.2	22 0	2 21.9	2.3	36 0	1 19.3	1.0	66	25.7	1.2
10	11 18.3	19.7	10	4 44.3	4.1	20	2 19.6	2.2	20	1 18.3	0.9	67	24.5	1.2
20	10 58.6	19.0	20	4 40.2	3.9	40	2 17.4	2.2	40	1 17.4	0.9	68	23.3	1.1
30	10 39.6	18.4	30	4 36.3	3.9	23 0	2 15.2	2.2	37 0	1 16.5	0.9	69	22.2	1.2
40	10 21.2	17.9	40	4 32.4	3.7	20	2 13.0	2.1	20	1 15.6	0.9	70	21.0	1.1
50	10 3.3	16.8	50	4 28.7	3.7	40	2 10.9	2.0	40	1 14.7	0.9	71	19.9	1.1
5 0	9 46.5	15.6	12 0	4 25.0	3.6	24 0	2 8.9	1.9	38 0	1 13.8	0.9	72	18.8	1.1
10	9 30.9	14.9	10	4 21.4	3.4	20	2 7.0	1.9	20	1 12.9	0.9	73	17.7	1.1
20	9 16.0	14.1	20	4 18.0	3.4	40	2 5.1	1.9	40	1 12.0	0.8	74	16.6	1.1
30	9 1.9	13.5	30	4 14.6	3.3	25 0	2 3.2	1.8	39 0	1 11.2	0.9	75	15.5	1.1
40	8 48.4	12.8	40	4 11.3	3.2	20	2 1.4	1.8	20	1 10.3	0.8	76	14.5	1.1
50	8 35.6	12.3	50	4 8.1	3.2	40	1 59.6	1.8	40	1 9.5	0.8	77	13.4	1.1
6 0	8 23.3	11.7	13 0	4 4.9	3.1	26 0	1 57.8	1.7	40 0	1 8.7	0.8	78	12.3	1.1
10	8 11.6	11.3	10	4 1.8	3.0	20	1 56.1	1.7	20	1 7.9	0.8	79	11.2	1.0
20	8 0.3	10.8	20	3 58.8	2.9	40	1 54.4	1.6	40	1 7.1	0.8	80	10.2	1.0
30	7 49.5	10.3	30	3 55.9	2.9	27 0	1 52.8	1.6	41 0	1 6.3	0.8	81	9.1	1.0
40	7 39.2	10.0	40	3 53.0	2.8	20	1 51.2	1.5	20	1 5.5	0.8	82	8.1	4.0
50	7 29.2	9.5	50	3 50.2	2.8	40	1 49.7	1.5	40	1 4.7	0.7	86	4.1	4.1
7 0	7 19.7		14 0	3 47.4		28 0	1 48.2		42 0	1 4.0		90	0.0	

ABBILDUNGEN

Fig. I.

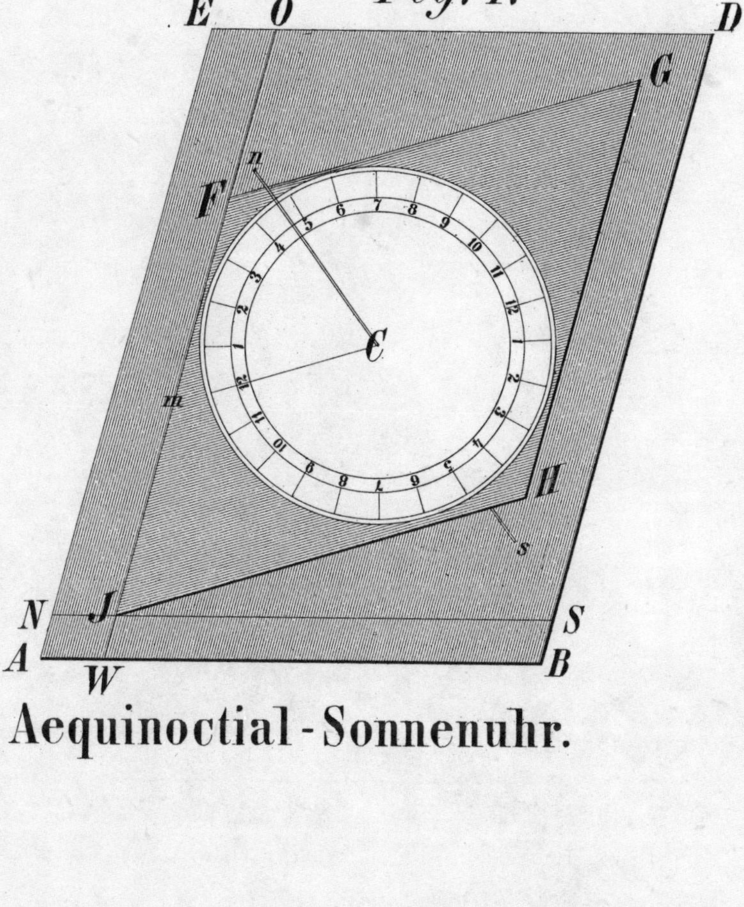

Aequinoctial-Sonnenuhr.

Horizontal-Sonnenuhr, die jede 5te Minute zeigt.

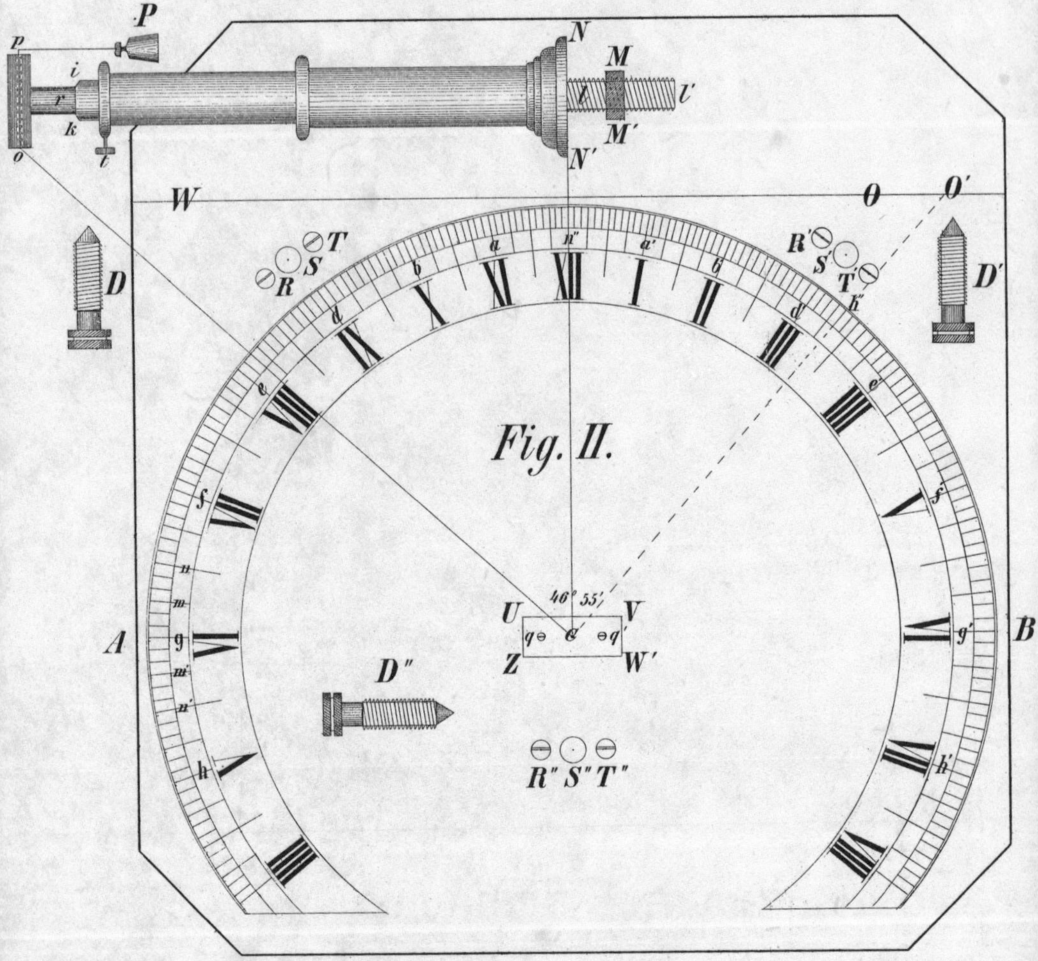

Fig. II.

Gnomonführer.

Fig. III.

Hülfsapparat zur Zusammensetzung und Aufstellung der Horizontal-Sonnenuhren.

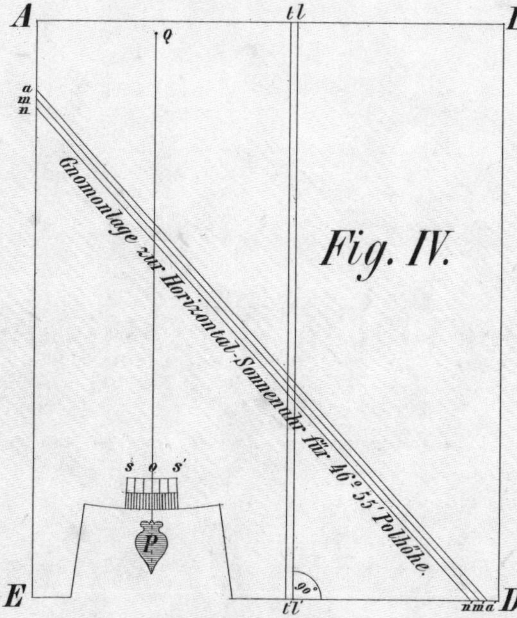

Fig. IV.

Fig. V.

Das Hufeisen sammt Steinplatte, auf welcher die Sonnenuhr vor dem Fenster zu stehen kommt, von unten angesehen.

Der 1000 theilige Maſsstab.

Fig. VI.

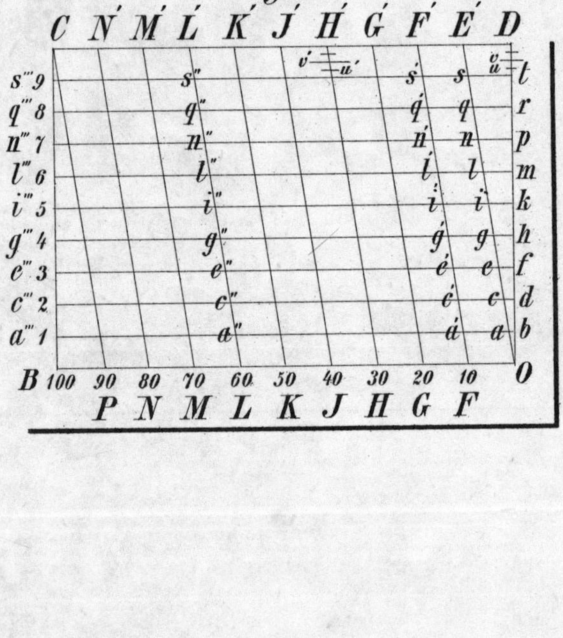

Fig. VII.

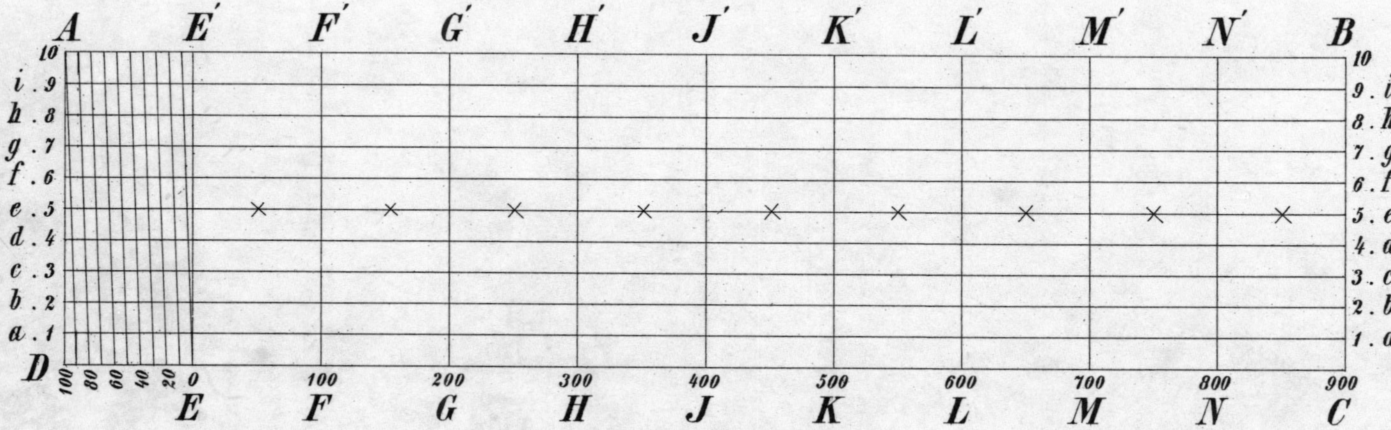

Der 1000 theilige Mafsstab.

Fig. VIII.

Zeichnung der in Tafel III angegebenen Winkelgröfsen auf der Horizontal-Sonnenuhr vermittelst des Zirkels und der Tangententafel.

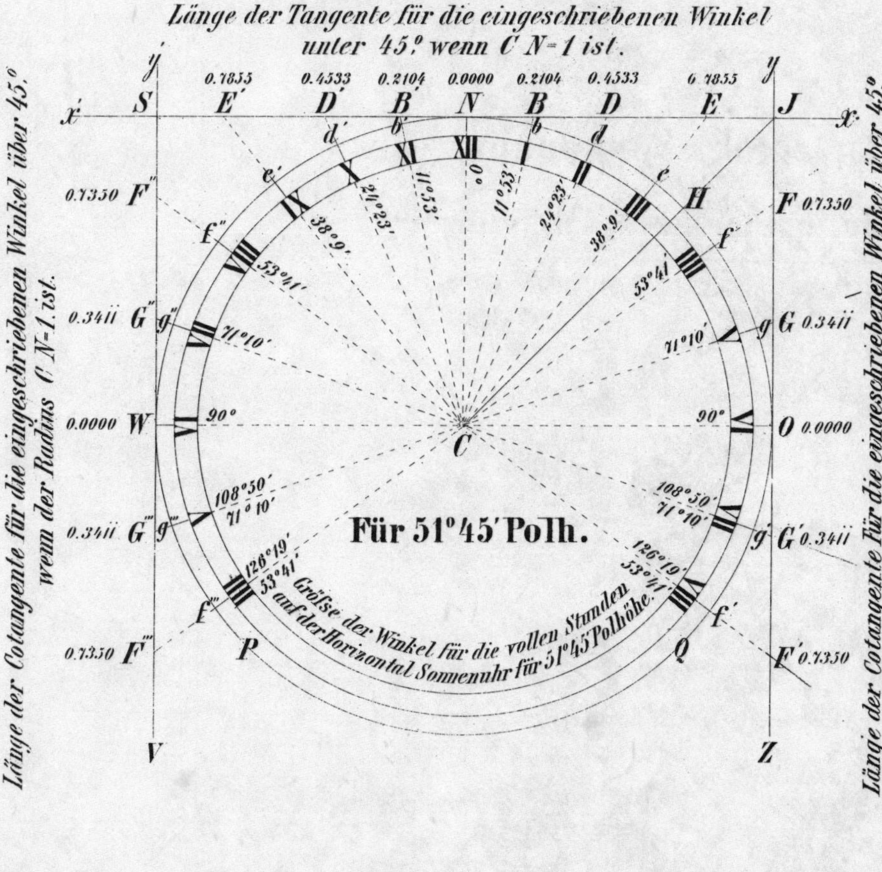

Horizontal-Sonnenuhr,

die jede einzelne Minute zeigt.

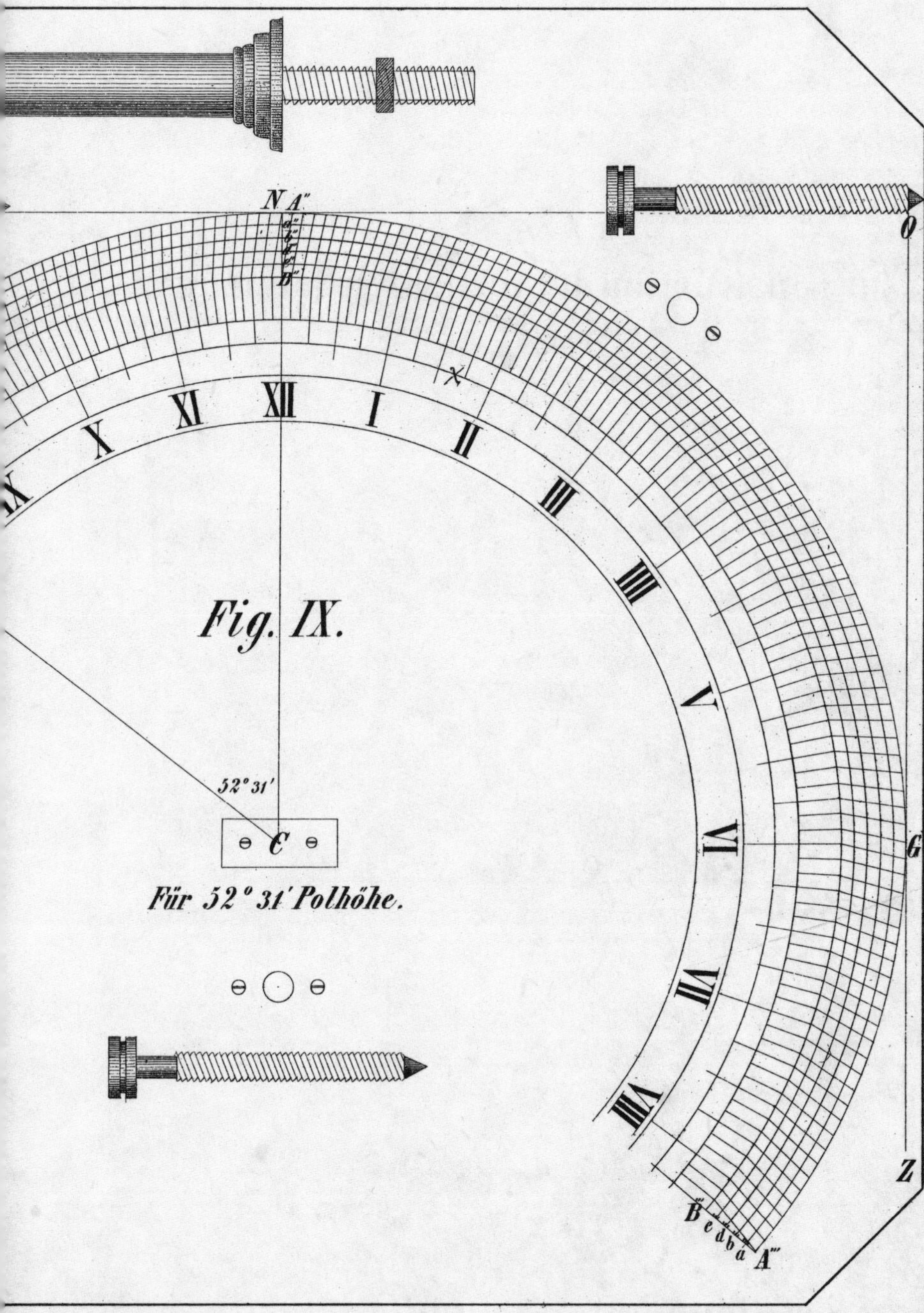

Fig. IX.

Für 52° 31' Polhöhe.

Fig. X.

Zur Construction der verticalen Sonnenuhr.

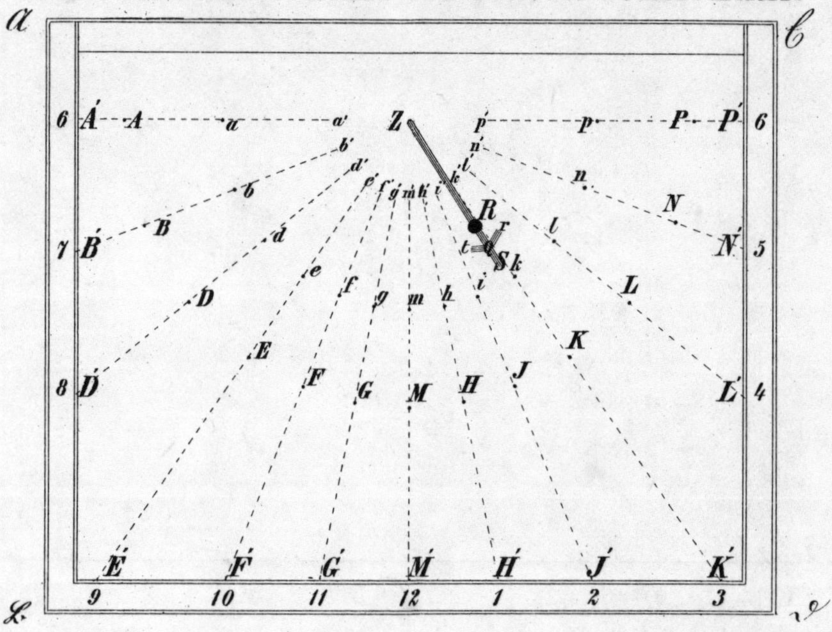

Fig. XI.

Der Sextant mit seinem Stativ.

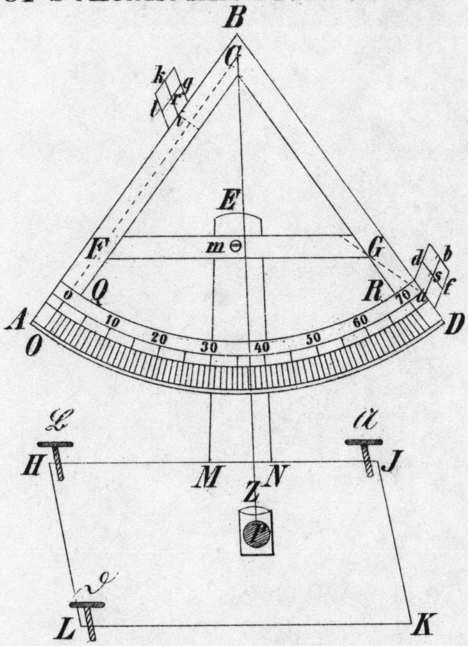

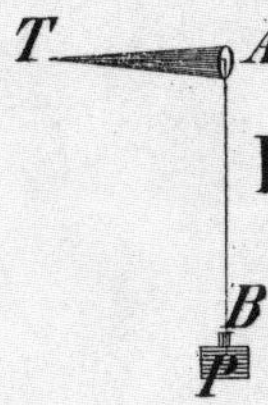

Eine Mittagslinie zu ziehen.

Fig. XII.

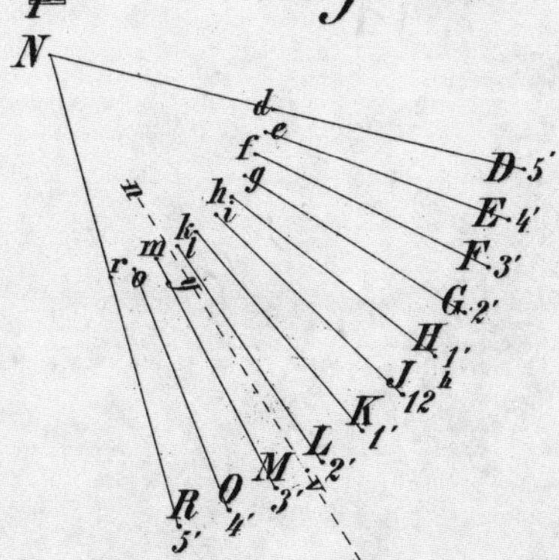

Fach- und Sachbücher aus vergangenen Jahrhunderten

Überwiegend aus den Bereichen
Architektur, Technik
Holzverarbeitung, Holzbau
Möbel, Innenarchitektur
Handwerk, Handwerksgeschichte

Fordern Sie bitte unser Gesamtverzeichnis an

EDITION
libri rari

Verlag Th. Schäfer
Postfach 72 13 06 · 30533 Hannover
Telefon (05 11) 8 75 75-075
Telefax (05 11) 8 75 75-079
Internet: www.libri-rari.de
E-Mail: libri-rari@th-schaefer.de

EDITION libri rari

Tieleman van der Horst

Treppen-Bau-Kunst (1763)

Wie die holländische Erstausgabe von 1739 ist auch die deutsche Ausgabe der „Treppen-Bau-Kunst" des Holländers Tieleman van der Horst ein eindrucksvolles Werk über den Treppenbau. Es behielt seine Bedeutung bis in das 19 Jahrhundert. Ungewöhnliche Konstruktionen und kunstvolle Details werden auf den großformatigen Stichen vorgestellt und im Text eingehend beschrieben.

Mit einem Begleitwort von Prof. Friedrich Mielke

104 Seiten, 24×33 cm, 58 ganzseitige Tafeln
fester Einband mit Gold- und Farbprägungen
***Best.-Nr. 1019** · ISBN 3-88746-109-6*

EDITION libri rari

Otto Warth

Die Konstruktionen in Holz (1900)

Diese Baukonstruktionslehre von Dr. Otto Warth hat seinerzeit mehrere Auflagen erlebt und galt ebenfalls als wichtiges Standardwerk. Eine erfreuliche Ausnahme unter den häufig trockenen Fachpublikationen mit 825 ausgezeichneten Holzschnittillustrationen im Text und 124 lithographierten Bildtafeln, auf denen unzählige Einzeldarstellungen zu sehen sind. Fachleute äußern sich begeistert über dieses Werk.

508 Seiten, 17,5×24 cm, 124 Tafeln, 825 Abbildungen
mehrfarbig bedruckter, fester Einband, Goldprägung
***Best.-Nr. 1013** · ISBN 3-88746-019-7*

EDITION libri rari

Hans Issel

Der Holzbau (1900)

Issels „Holzbau"– heißt es im Kommentar von Manfred Gerner – „ist auch heute noch das, was er zur Zeit, als er geschrieben wurde, sein sollte: ein umfassendes Kompendium der Konstruktion und Architektur des Fachwerk-, Block-, Ständer- und Stabbaus". In diesem Buch überwiegt der Praxisbezug, d.h. die genaue Darstellung konstruktiver Details und der Holzverbindungen. Ein Buch mit hohem Gebrauchswert für jeden Praktiker.

224 Seiten, 17,5×24 cm, 12 Tafeln, 400 Abbildungen
fester Einband mit Goldprägung
***Best.-Nr. 1020** · ISBN 3-88746-086-3*

Fritz Spannagel

Der Möbelbau (1954)

Spannagels bekanntestes Fachbuch „Der Möbelbau“ ist auch heute noch aktuell und gefragt. Seine Bedeutung für die Praxis ergibt sich aus den vielen Arbeitsanleitungen, den erklärenden Abbildungen, den detaillierten Beschreibungen der Holzverbindungen und anderer Techniken der handwerklichen Holzverarbeitung. Das Handbuch richtet sich vor allem an Schreiner (Tischler), aber auch an Architekten sowie Lehrer und Liebhaber des Holzhandwerks.

368 Seiten, 22×29,7 cm, 1538 Abbildungen
mehrfarbig bedrucker, fester Einband
***Best.-Nr. 1217** · ISBN 3-88746-062-6*

Fritz Kress

Der Treppen- und Geländerbauer

Dieses 1952 letztmalig erschienene „Konstruktionsbuch für Handwerker und Techniker zum Bau von Holztreppen und Holzgeländern“ ist aus heutiger Sicht in seinen wesentlichen Teilen nicht veraltet oder überholt. Gute Abbildungen und deutliche Zeichnungen, die Gründlichkeit der Darstellung, die vielen Details und Tips machen das Werk unentbehrlich für jeden Praktiker.

Begleittext von Prof. Manfred Gerner, Fulda

244 Seiten, 22 ×29,7 cm, 623 Abbildungen
fester Einband mit Prägung
***Best.-Nr. 1022** · ISBN 3-88746-213-0*

Theodor Krauth / Franz Sales Meyer

Die Bauschreinerei
Das Schreinerbuch I (1899)

Durch einen umfangreichen Anhang, mit 82 ganzseitigen Tafeln ergänzt, werden ausführlich und durch 393 Illustrationen im Textteil unterstützt die wichtigen Holzarbeiten im und am Haus behandelt. Fußböden, Täfelungen, Holzdecken, Türen, Tore, Fenster, Fensterläden, Treppen sowie Maschinen und Werkzeuge werden gezeigt. Auch Heimwerker finden hier viele Anregungen.

336 Seiten, 17,5×24 cm, 82 Tafeln, 393 Abbildungen
fester Einband mit Goldprägung
***Best.-Nr. 1210** · ISBN 3-88746-003-0*

Theodor Krauth / Franz Sales Meyer

Die Möbelschreinerei
Das Schreinerbuch II (1902)

Th. Krauth und F. Sales Meyer behandeln hier wie auch in der Bauschreinerei ausführlich alle Techniken und das Material des Schreinerhandwerks. In umfassender Form, aufgelockert durch viele hundert Abbildungen, wird in diesem Buch die ganze Schönheit tischlermäßig gefertigter Möbel eindrucksvoll vorgestellt. Auch für den versierten Hobbytischler ist dies ein nützliches Werk.

440 Seiten, 17,5×24 cm, 136 Tafeln, 276 Abbildungen
fester Einband mit Goldprägung
***Best.-Nr. 1211** · ISBN 3-88746-002-2*

EDITION libri rari

Fritz Spannagel

Das Drechslerwerk (1948)

Die Grundlagen des Drechselns sind nirgends gründlicher dargestellt als bei Spannagel. Das bekannte und seit vielen Jahren vergriffene Standardwerk für Drechsler, Werklehrer, Innenarchitekten und Schreiner und für die vielen Hobby-Drechsler wurde wegen der großen Nachfrage wieder von uns herausgegeben. Dieses Handbuch ist trotz der Technisierung und Standardisierung für alle Interessenten eine unentbehrliche Hilfe.

320 Seiten, 17,5 × 24 cm, 1258 Abbildungen
mehrfarbig bedruckter, fester Einband
***Best.-Nr. 1213** · ISBN 3-88746-014-6*

EDITION libri rari

Theodor Raetz

M. Lebrun's Handbuch für Klempner und Metallwaarenfabrikanten (1876)

sowie für Werkstätten von Gas- und Wasserleitungsanlagen … Wichtige Ergänzung zum 1995 bei uns erschienenen Reprint der Konstruktionslehre „Der Klempner" (1907). Eine gründliche Beschreibung der Werkzeuge und Maschinen, des Materials und der Arbeitstechniken. Besonders interessant die auf 24 doppelseitigen Tafeln abgebildeten Erzeugnisse der Klempner (Blechner, Flaschner usw.) jener Zeit.

148 Seiten, 24 × 28 cm, 28 Tafeln mit über 400 Abbildung.
mehrfarb. bedruckter, fester Einband m. Goldprägungen
***Best.-Nr. 2221** · ISBN 3-88746-367-6*

EDITION libri rari

Max Metzger

Die Kunstschlosserei (1927)

Metzgers Lehr-, Hand- und Nachschlagebuch behandelt ausführlich und aus unterschiedlichen Perspektiven alle im Lauf der Zeit entstandenen Techniken der Kunstschlosserei. An Beispielen werden durch Wort und Bild die technischen Verfahren erläutert und voneinander abgegrenzt. Das Werk ist eine umfassende und durch 731 Abbildungen sehr anschauliche Darstellung des Kunstschlosserhandwerks in Theorie und Praxis.

Begleittext von Ernst Krämer, Berlin

552 Seiten, 17×24,5 cm, 731 Abbildungen
mehrfarbig bedruckter, fester Einband mit Prägungen

EDITION libri rari

F. Höhne / C.W. Rösling

Das Kupferschmied-Handwerk (1839)

Einer der raren „Klassiker" der Metallurgie! Enthält alles über Kupfer und seine Bearbeitung, ganz auf den damaligen Praktiker in den Schmiedewerkstätten ausgerichtet. Mit über 300 Einzeldarstellungen ist dieses Werk heute ein technikgeschichtliches Kleinod! Beschrieben ist das Schmieden von Kupfer und anderen Metallen in Hammerwerken und Werkstätten.

Begleittext von Dr. Joachim Baumhauer, Hannover

496 Seiten, 10,5 × 17 cm, 36 ganzseitige Tafeln
mehrfarbig bedruckter, fester Einband mit Goldpräg.
***Best.-Nr. 2219** · ISBN 3-88746-361-7*

Kein Reprint

Hans Mårtensson
Kleine Holzbauten *selbst gemacht*

Dies ist ein absolut praxisgerechtes Anleitungsbuch, nach dem man mit ein wenig Geschick und handwerklichem Können verschiedene Garten- und Gerätehäuschen, Lustpavillon, Brunnenhaus, Gewächshaus, ein Spielhäuschen für Kinder sowie Garage und sogar ein komplettes großes Freizeithaus aus Holz selbst bauen kann. Alle Konstruktionen sind mit relativ einfachen Mitteln umzusetzen.

96 Seiten, 19,5 ×26,5 cm, ca. 100 Abbildungen, mehrfarbiger bedruckter, fester Einband
***Best.-Nr. 9108** · ISBN 3-88746-399-4*

Kein Reprint

Bo Bergman
Schweden-Messer

Griffe und Scheiden – selbst gemacht

Auch in Deutschland gibt es solch hochwertige Klingen zu kaufen. Doch wie sieht es mit den individuellen Griffen, ledernen Messerscheiden und kunstvollen Futteralen aus? Dieses Buch zeigt, wie man diese unentbehrlichen Utensilien den eigenen Bedürfnissen und Ansprüchen folgend selbst machen und eine simple Klinge in ein prachtvolles Messer mit allen Schikanen verwandeln kann.

136 Seiten, 17 ×24 cm, 244 Abbildungen im Text, mehrfarbig bedruckter, flexibler Einband
***Best.-Nr. 9109** · ISBN 3-88746-402-8*

Kein Reprint

Patrick Spielman/Sherri Spielman Valitchka
Fröhliches Landleben

Vorlagen für die Feinschnitt-Laubsäge

Ein neues entzückendes Vorlagenbuch für die Laubsäge oder die elektrisch betriebene Feinschnittsäge. Spielmans Buch liefert eine phantastische Auswahl von 400 Musterzeichnungen, nach denen ein ganzer Bauernhof voller Tiere und andere entzückende ländliche Motive gesägt werden können.

Dem Charme dieser Vorlagen wird sich kein Freund der Laubsäge entziehen können.

176 Seiten, 17 ×24 cm, 313 Abbildungen, mehrfarbig bedruckter, flexibler Einband
***Best.-Nr. 9209** · ISBN 3-88746-400-1*

Fach- und Sachbücher aus vergangenen Jahrhunderten

Überwiegend aus den Bereichen
Architektur, Technik
Holzverarbeitung, Holzbau
Möbel, Innenarchitektur
Handwerk, Handwerksgeschichte

Fordern Sie bitte unser Gesamtverzeichnis an

EDITION
libri rari

Verlag Th. Schäfer
Postfach 72 13 06 · 30533 Hannover
Telefon (05 11) 8 75 75-075
Telefax (05 11) 8 75 75-079
Internet: www.libri-rari.de
E-Mail: libri-rari@th-schaefer.de